海南岛主要河流水生生物资源调查与保护

陈　锋　方艳红　袁　婷　张建永　著

U0296487

科学出版社

北京

内 容 简 介

本书以海南岛主要河流水生生物为对象，从物种资源调查及保护出发，总结作者团队多年调查成果，阐述海南岛主要河流鱼类、浮游植物、浮游动物、底栖动物的物种资源现状，并根据资源现状提出相应的保护措施。书中首先介绍海南岛主要河流地理特征、自然资源，阐明海南岛主要河流水生生物调查研究的必要性和意义。接着按照不同水生生物类别分别叙述调查内容和方法，然后对各大流域水生生物的组成、分布格局及多样性结果进行描述和分析，最后对海南岛主要河流水生生态系统存在的问题进行分析，并提出相应的保护措施。本书的出版有助于推进海南省水生生物的保护和管理工作，可为海南省淡水生态保护提供借鉴。

本书可作为水生生态管理保护工作者、相关专业的教师和学生及科研人员的参考用书。

图书在版编目（CIP）数据

海南岛主要河流水生生物资源调查与保护 / 陈锋等著. -- 北京：科学出版社, 2025. 3. -- ISBN 978-7-03-080353-5

I. S937

中国国家版本馆 CIP 数据核字第 2024GY4908 号

责任编辑：闫　陶/责任校对：刘　芳
责任印制：徐晓晨/封面设计：无极书装

科学出版社 出版
北京东黄城根北街 16 号
邮政编码：100717
http://www.sciencep.com
北京中科印刷有限公司印刷
科学出版社发行　各地新华书店经销
*

开本：787×1092　1/16
2025 年 3 月第　一　版　　印张：12 1/4
2025 年 3 月第一次印刷　　字数：290 000
定价：168.00 元
（如有印装质量问题，我社负责调换）

前　言

海南岛总面积约 3.39 万 km^2，海岸线总长约 1 944 km，是我国仅次于台湾岛的第二大岛。海南岛众多大小河流，均从中部山区或丘陵区向四周分流入海，形成放射状的海岛水系。全岛独流入海的河流共 154 条，源短流急，河流平均流域面积约 220 km^2。其中，流域面积超过 3 000 km^2 的大江大河有南渡江、昌化江、万泉河 3 条；流域面积在 500～3 000 km^2 的河流有陵水河、宁远河、望楼河、太阳河、藤桥河、珠碧江、春江等；流域面积在 200～500 km^2 的河流有三亚河、龙滚河、九曲江等，流域面积在 100~200 km^2 的河流有龙尾河、排浦江、龙首河、山鸡江等。

海南岛属典型的热带季风气候区，雨量充沛，河网水系复杂，为水生生物提供良好的栖息空间和繁衍场所。受生境多样化影响，海南岛主要河流水生生物群落特征复杂、生物多样性十分丰富。海南岛淡水鱼类属东洋区华南亚区的海南岛分区，由五个区系复合体组成，特有性较高，生态类群多样。

水利部中国科学院水工程生态研究所于 2016～2019 年对海南岛主要淡水河流进行调查，较为全面地掌握海南岛主要河流水生生物资源状况。本书详细介绍主要河流浮游植物、浮游动物、底栖动物、鱼类资源状况，包括浮游植物、浮游动物、底栖动物种类、密度和生物量及多样性指数信息，鱼类区系特征、种类分布、生态特征、渔获物情况等，能让读者较为全面地了解海南岛水生生态及水生生物资源现状。本书中的水生生物数据全部来源于野外调查及镜检的第一手资料，确保数据的真实性，为科研工作者及水生生态保护者提供借鉴，同时为政府部门的决策提供有效的科学数据。

本书分为 5 章。第 1 章海南岛概况由陈锋和张建永共同撰写；第 2 章水生生态调查内容与方法由方艳红和袁婷共同撰写；第 3 章海南岛饵料生物调查由方艳红和袁婷共同撰写；第 4 章海南岛鱼类资源调查由陈锋、方艳红和袁婷共同撰写；第 5 章海南岛水生生态问题及保护对策建议由陈锋和张建永共同撰写；附表由方艳红和袁婷共同整理。本书的出版还得到黄河水文水资源保护科学研究院、新疆博衍水利水电环境科技有限公司、中国电建集团华东勘测设计研究院有限公司的支持，在此表示衷心的感谢！

由于野外调查时间有限，并限于作者学术水平，书中难免出现不足，望读者提出宝贵意见，以便进一步完善，不胜感激。

作　者

2023 年 11 月 20 日

目　录

▶▶▶▶ 第 1 章

海南岛概况

1.1 自然环境概况

1.1.1 地理位置

海南岛位于中国南端,地理位置介于东经 108°37′~111°03′,北纬 18°10′~20°10′。海南岛北与广东雷州半岛相隔的琼州海峡宽约 18 海里,从岛北的海口市至越南的海防市约 220 海里,从岛南的三亚港至菲律宾的马尼拉港船程约 650 海里[①]。

海南岛地形四周低平,中间高耸,以五指山、鹦哥岭为隆起核心,向外围逐级下降,山地、丘陵、台地、阶地和平原构成环形层状地貌,梯级结构明显。内环由一系列中、低山脉组成,位于中南部;中环为中低山外围的丘陵地貌单元,其分布以北部、西部、南部面积较大;外环由台地、阶地和平原等地貌单元构成,是三大环中面积最大的一环。海南岛各类地形所占全岛总面积统计见表 1.1.1。

表 1.1.1 海南岛各类地形所占全岛总面积统计表

类型	中山	低山	高丘	低丘
	800 m 以上	500~800 m	250~500 m	100~250 m
百分比/%	17.9	7.5	7.7	5.6
类型	台地	海成河流阶地	冲积海积平原 (包括潟湖沙地)	其他
百分比/%	32.6	16.9	11.2	0.6

海南岛山脉的海拔多数在 500~800 m,海拔超过 1 000 m 的山峰有 81 座,海拔超过 1 500 m 的山峰有五指山、鹦哥岭、俄鬃岭、猴弥岭、雅加大岭和吊罗山等。大山大体上分三大山脉:五指山山脉位于海南岛中部,主峰海拔 1 867 m,是海南岛最高的山峰;鹦哥岭山脉位于五指山西边,主峰海拔 1 812 m;雅加大岭山脉位于海南岛西部,主峰海拔 1 519 m。

1.1.2 气候特征

海南岛地处热带北缘,属热带季风气候,素有"天然大温室"的美誉,全年暖热,长夏无冬,干湿季节明显,台风活动频繁,气候资源多样。海南岛年太阳辐射量为 110~140 kcal[②]/cm²,年日照时数为 1 780~2 600 h,光照率为 50%~60%。全岛年平均气温为 22.5~25.6 ℃,中部山区较低,西南部较高,全年 1~2 月较冷,平均温度为 16~24 ℃,

---

① 1 海里=1.852 km。
② 1 kcal=4 186 J。

极端低温在 5 ℃以上；7～8 月平均温度较高，为 25～29 ℃。

海南岛雨量充沛，多年平均降雨量 1 640 mm，有明显的多雨和少雨季节，每年 5～10 月为多雨季节，雨季降水约占全年雨量的 80%，11 月至来年 4 月为少雨季节，仅占全年降雨量的 20%，少雨季节常常发生冬旱或冬春连旱。根据 1956～2000 年系列数据，各水资源分区中，多年平均降水量以万泉河为最大，达 2 280 mm，其次为南渡江 1 929 mm，最小为海南岛西北部 1 453 mm。

1.1.3 土壤植被

海南岛土壤分布具有明显的垂直地带性和地域性。

土壤的垂直地带分布：在海南岛山地的东坡，为基带上的砖红壤，随着海拔的升高而递变为山地赤红壤和山地黄壤。砖红壤、山地赤红壤和山地黄壤均为湿润亚热带典型地带性土壤类型。

土壤的地域性分布：北部丘陵台地土壤为典型山地红色砖红壤，东南部土壤主要为黄色砖红壤，而西南部在干热气候条件下形成了褐色砖红壤和典型的热带干旱地区的燥红土。此外，还有一些地带性不明显的土壤类型，例如水稻土、潮砂土、滨海盐土和滨海砂土等，分布在不同的地貌部位上。

海南省的植物繁多，群落结构复杂，是热带雨林、热带季雨林的原生地。根据 2021 年海南省森林三类调查数据，全省土地总面积 5 088 万亩①。其中：林地面积 3 424.86 万亩，非林地面积 1 663.14 万亩，分别占土地总面积的 67.31%、32.69%。

1.2 河流水系

1.2.1 总体概况

海南岛众多大小河流，均从中部山区或丘陵区向四周分流入海，形成放射状的海岛水系。全岛独流入海的河流共 154 条，源短流急，河流平均流域面积约 220 km²。流域面积大于 100 km² 的独流入海河流共计 39 条。其中，流域面积超过 3 000 km² 的河流有南渡江、昌化江、万泉河 3 条，流域面积分别为 7 033 km²、5 150 km²、3 693 km²，合计 15 876 km²，约占全岛流域面积的 46.61%；流域面积在 500～3 000 km² 的河流有陵水河、宁远河、望楼河、太阳河、文澜河、藤桥河、北门江、珠碧江、春江及文教河等 10 条，流域面积合计 7 744 km²，约占全岛流域面积的 22.74%；流域面积在 200～500 km² 的河流有滚州河、三亚河、珠溪河、南罗溪、文昌江、龙滚河、罗带河、感恩河及九曲江等 9 条，流域面积合计 2 601 km²，约占全岛流域面积的 7.64%；流域面积在 100～200 km²

---

① 1 亩≈666.67 m²。

的河流有通天河、石壁河、光村水、白沙溪、龙尾河、北水溪、新园水、排浦江、龙首河、北黎河、英州河、佛罗溪、花场河、大茅水、南港河、山鸡江及马袅河等 17 条，流域面积合计 2 412 km²，约占全岛流域面积的 7.08%。流域面积小于 100 km² 的河流共计 115 条，流域面积合计 5 425km²，约占全岛流域面积的 15.93%。

综上所述，全海南岛流域面积超过 200 km² 的河流共计有 22 条，流域面积合计达 26 221 km²。

根据海南岛主要河流基本情况，选定的调查范围为 16 条流域面积超过 100 km² 的河流，包括 3 条超过 3 000 km² 的大江大河和 13 条流域面积在 100～3 000 km² 的中小河流。

全岛河流特性如表 1.2.1 所示。

表 1.2.1　海南岛主要河流特性表

序号	河流名称	流域面积/km²	河长/km	平均坡降/‰	年径流量/亿 m³	流域面积占比/%
3 000 km² 以上河流（3 条）						
1	南渡江	7 033	333.8	0.72	69.1	
2	昌化江	5 150	231.6	1.39	42.9	
3	万泉河	3 693	156.6	1.12	53.9	
	小计	15 876				46.61%
500～3 000 km² 河流（10 条）						
4	陵水河	1 131	73.5	3.13	14.6	
5	宁远河	1 020	83.5	4.63	6.5	
6	珠碧江	957	83.8	2.19	6.3	
7	望楼河	827	99.1	3.78	3.9	
8	文澜河	777	86.5	1.47	5.2	
9	藤桥河	710	56.1	5.75	6	
10	北门江	648	62.2	2.45	4	
11	太阳河	593	75.7	1.49	8.4	
12	春江	558	55.7	1.79	2.8	
13	文教河	523	50.6	0.67	4.4	
	小计	7 744				22.74%
200～500 km² 河流（9 条）						
14	感恩河	381	54.5	4.45	2.1	
15	珠溪河	359	46.2	0.2	2.9	
16	文昌江	345	48.8	1.37	3	

续表

序号	河流名称	流域面积/ km²	河长/ km	平均坡降/ ‰	年径流量/ 亿 m³	流域面积 占比/%
17	三亚河	337	31.3	6.09	2.1	
18	九曲江	278	49.7	0.82	3.9	
19	濒州河	253	49.5	1.18	2.2	
20	罗带河	222	47.7	1.58	0.7	
21	龙滚河	214	47.7	2.08	2.9	
22	南罗溪	212	23.5	3.39	0.7	
	小计	2 601				7.64%
100～200 km² 河流（17 条）		2 412				7.08%
小于 100 km² 河流（115 条）		5 425				15.93%
	合计	34 058				100%

注：百分比小计数字的和可能不等于合计数字，是因为数据进行过舍入修约

由于海南中高周低的独特地形条件，天然形成了放射状的海岛水系河流，主要特点如下。

（1）海南岛较大的河流都发源于中部山区，较小的河流多发源于山前丘陵或台地上，河流沿着中高周低的地势放射奔流入海，河短坡陡，难以留住降水，但沿河有不同程度的盆地和峡谷相间，利于建库。

（2）海南岛暴雨强度大，洪峰高，历时短，洪水涨率大，最大流量与最小流量比值高达数千倍，如昌化江的宝桥站为 5 970 倍。

（3）海南岛河流小流量历时长，冲切不力，许多中小河流弯曲浅窄，泄洪能力低，两岸农田常遭洪泛之害。

（4）海南岛河流含沙量少，一般多年平均悬疑质含沙量为 0.055～0.197 kg/m³，全岛多年平均输沙量约 400 万 t。

（5）海南岛河流丰枯流量差距大。据实测资料，三大江河下游河段最枯流量只有 2～4 m³/s，而昌化江最大洪峰流量 20 000 m³/s，全省没有上等级的内河航道，只在沿岸有一些渡口分布。

1.2.2 三大河流概况

南渡江、昌化江、万泉河为海南岛三大河流，流域总面积约占全岛流域面积的 46.61%，流域面积分别为 7 033 km²、5 150 km²、3 693 km²。

（1）南渡江发源于白沙南峰山，斜贯海南岛北部，流经白沙、琼中、儋州、澄迈、屯昌、定安、琼山至海口入海，全长约 333.8 km，流域面积约 7 033 km²。南渡江上游为南峰山至松涛坝址，河段长约 137 km，流域面积约 1 496 km²；中游为松涛坝址至九龙

滩坝址，河段长约 82.8 km，流域面积约 1 520 km²；下游为九龙滩坝址至海口市，流域 114 km，流域面积约 4 017 km²。

（2）昌化江发源于琼中空示岭，横贯岛西部，流经琼中、保亭、乐东、东方至昌化港入海，全长约 231.6 km，流域面积约 5 150 km²。

（3）万泉河上游分南北两支，南源为干流，发源于琼中五指山风门岭，横贯琼中县境内，流经霖田、乘坡、灯火岭、牛路岭、会山，至合口咀纳入定安河后，经琼海市的石壁、龙江、加积至博鳌港入海，干流全长约 156.6 km，总流域面积约 3 693 km²。干流在合口咀以上部分为上游段，长度 100.6 km，流域面积 1 387 km²；合口咀至入海口河段称万泉河，全长 56 km。北源大边河（又称定安河）为万泉河最大的一级支流，发源于琼中县风门岭，向东流经中郎、红岭、加兴岭，至合口咀从左岸汇入干流，河长约 88 km，流域面积约 1 222 km²。

1.3 生 态 系 统

海南岛属典型的热带季风气候区，生态系统多样性极为丰富，有森林、草地、农田等 3 大类型的陆地生态系统，以及河口、红树林、珊瑚礁、滩涂湿地、潟湖、上升流、深海等 7 大类型的海洋生态系统。海南岛发育和保存了我国最大面积的原始热带雨林，其中海南岛中部山区大面积的天然林、海岸带基本合拢的海防林及沿海红树林是海南省重要的生态系统，是生态安全的重要保障。

截至 2022 年，海南省森林覆盖率达到 62.6%，城市建成区绿化覆盖率 39.2%。全省有自然保护区 48 个，其中国家级 10 个，省级 23 个，市县级 15 个，自然保护区面积达665.80 万 hm²，其中国家级 16.28 万 hm²，省级 647.84 万 hm²，市县级 1.68 万 hm²。海南省生物物种丰富，列入国家一级重点保护野生动物有 30 种，列入国家二级重点保护野生动物有 132 种；列入国家一级重点保护野生植物有 10 种，列入国家二级重点保护野生植物有 117 种[①]。

海南岛植被繁多，有维管束植物 4 000 多种，约占全国总数的 1/7，其中 491 种为海南所特有。在 4 000 多种植物资源中，列为国家重点保护的特产与珍稀树木 20 多种。热带森林植被垂直分带明显，且具有混交多层、异龄常绿、干高冠宽等特点。热带森林主要分布于五指山、尖峰岭、霸王岭、吊罗山、黎母山等林区，其中五指山属未开发的原始森林。

海南岛陆生脊椎动物有 660 种，其中，两栖类 43 种（11 种仅见于海南，8 种列为我国特有动物）；爬行类 113 种；鸟类 426 种；哺乳类 78 种（23 种为海南特有）。世界上罕见的珍稀动物有黑冠长臂猿和坡鹿，水鹿、猕猴、云豹等。

---

① 本书数据参考《2022 年海南省生态环境状况公报》等资料，其中植被状况、野生动物资源状况、水质状况，以及水资源开发情况等内容未能收集到海南岛单独完整数据。海南岛是海南省主要组成部分，其资源特征很大程度上代表了海南省的基本情况，在数据不全的情况下，使用"海南岛"和"海南省"两种表述方式，是为了尽可能全面呈现该地区的相关信息，确保本书内容的完整性，后文中涉及海南省数据的情况与此相同。

海南岛珊瑚礁分布较广,三亚、琼海、文昌和澄迈至东方沿岸均有珊瑚礁及活珊瑚分布;海南岛东北部岸线曲折,海湾多且面积大,红树林分布广且种类多,其中海口东寨港和文昌八门湾是区内最大的红树林分布区,西南部岸线较平直,多为沙岸和岩岸,红树林面积小,种类组成也较简单;海草床生态系统则主要广泛分布于文昌高隆湾与长圮港、琼海龙湾等港湾及陵水新村与黎安潟湖等海南岛东部海域。

1.4 淡水及河口鱼类资源

海南岛淡水及河口鱼类有 16 目 58 科 143 属 200 种,其中淡水鱼类有 6 目 19 科 79 属 106 种;河口鱼类有 14 目 43 科 91 种;洄游性鱼类现知有 2 目 2 科 3 种,即日本鳗鲡、花鳗鲡和七丝鲚(陈治 等,2023;陈治 等,2022;蔡杏伟 等,2021;申志新 等,2021;何芳芳,2010;陈辈乐和陈湘粦,2008;中国水产研究院珠江水产研究所,1986)。

海南岛珍稀濒危特有鱼类较多,有国家二级保护动物花鳗鲡,海南岛特有鱼类大鳞鲢、海南鲌头条波鱼、海南异鳍、大鳞鲢、小银鲌、无斑蛇鮈、大鳞光唇鱼、海南瓣结鱼、保亭近腹吸鳅、琼中拟平鳅、海南原缨口鳅、海南纹胸鳅、高体鳜、大鳞细齿塘鳢、项鳞吻鰕虎鱼、多鳞枝牙鰕虎鱼等,列入《中国物种红色名录》(汪松和解焱,2004)鱼类有 7 种,分别为花鳗鲡、小银鲌、海南异鳍、台细鳊、长臀鮠、锯齿海南鳘、青鳉等,重要经济鱼类有鲮、倒刺鲃、海南鲌、尖鳍鲤、三角鲂、青鱼、草鱼、鲢、鳙等(申志新 等,2021;中国水产研究院珠江水产研究所,1986)。然而,岛内已建有的鱼类保护区数量较少,内陆淡水鱼类保护区仅"万泉河国家级水产种质资源保护区"1 个。

1.5 水资源及开发利用概况

1.5.1 水资源和水质

海南省多年平均水资源总量为 307.3 亿 m^3,地表水资源量为 303.7 亿 m^3,地下水资源总量约 80.25 亿 m^3。天然地形条件将全岛分成 6 个水资源分区,即南渡江流域(面积 7 033 km^2)、昌化江流域(面积 5 150 km^2)、万泉河流域(面积 3 693 km^2)、海南岛东北部(面积 3 538 km^2)、海南岛南部(面积 6 971 km^2)、海南岛西北部(面积 7 535 km^2)。

1. 地表水

受地形因素影响海南岛没有较大的湖泊储蓄水量,河流均从中部山区或丘陵区向四周分流入海,构成放射状的海岛水系。全岛的地表水资源主要集中在 13 条流域面积在 500 km^2 以上独流入海的河流,其水资源总量达到 238 亿 m^3,占全岛地表水资源总量的

78.4%。其中南渡江、昌化江和万泉河水资源总量为 166 亿 m³，占全岛地表水资源量的 54.7%；另外 10 条河流是陵水河、珠碧江、宁远河、望楼河、文澜河、藤桥河、北门江、太阳河、春江、文教河等。三大河干流约可调蓄水 80 亿 m³，中小河流可蓄水 56 亿 m³，总计可调蓄水量 136 亿 m³。划定管理和保护范围内的 38 条河流，总的流域面积 26 159 km²，占全岛总面积 77.12%，年均径流量 248.60 亿，占全岛地表水资源量比例为 81.86%，分布于海南岛的六个水资源四级区和各市县。

海南岛大小河流共计 1 000 多条，河流具有河短坡陡，暴雨集中，暴涨暴落，难于调蓄，基流小（只占年径流量的 25%），含沙量小（以龙塘站为例多年平均含沙量为 0.044 kg/m³），终年不冻结等特点。

2. 地下水

海南岛地下水资源总量约 80.25 亿 m³，其中理论可开发利用 25.3 亿 m³，主要集中在北部雷琼盆地、东部桂林洋和西部新海沙堤砂地，以及南渡江沿岸部分堆积阶地。海南岛地下水由浅层的潜水层（几十米深）和深层的七层承压水（每层约 100 m 深）组成，日常饮用开采的是潜水层和第一、二、三层承压水，第四、五、六、七层承压水不能饮用，但水中富含锶、钙、钾、溴、偏硅酸等有益于人体的微量元素，也就是俗称的"温泉"。海南岛地下水资源地区分布的大致趋势是：琼东较琼西丰富，琼东南沿海多雨地区较琼西部、西北部少雨地区丰富。中部山区补给模数较沿海周边地区的大。海南岛的五指山区（包括通什水上游）和定安河、万泉河中上游地区，以及琼北部分地区，植被率高，年降雨量大，地下水补给模数为全岛的高值区。

3. 水质现状

1）河流水质

根据 2024 年 9 月地表水环境质量监测发现，全省主要河流水质较好。其中，南渡江干流水质以 II 类为主，其次是 III 类，调查点位未发现 IV 类及以下水质；其支流水质类别为 I~III 类；昌化江流域水质以 II 类为主，干流和支流水质均属于 II~III 类标准；万泉河流域较南渡江和昌化江差，干流水质以 II 类为主，其次是 III 类，支流 II 类和 III 类水质河流数量相近；西北部诸河水质总体较好，以 III 类河流数量最多，其次是 II 类水质河流，北门江水质轻度污染；南部诸河 50.00%河流水质为 I~II 类，33.33%河流水质为 III 类，12.50%河流水质 IV 类，4.17%河流水质达到 V 类；东北部诸河中，文昌江水质为 II 类，潦州河水质为 III 类，其余河流达到 IV~劣 V 类，主要污染指标为高锰酸盐指数、化学需氧量和总磷，主要受农业及农村面源、城镇生活污水影响。

（1）南渡江流域：主要参评河流有南渡江、龙州河、大塘河、松涛灌区总干渠、松涛灌区东干渠，全年评价河长 627.4 km，II~III 类水河长占总评价河长的 100%。其中 II 类水河长占总评价河长的 93.8%，III 类水河长占总评价河长的 6.2%（张祥永 等，2019；刘保，2008）。

（2）昌化江流域：主要参评河流有昌化江、通什水、石碌河，全年评价河长 353.4 km，II 类水河长占总评价河长的 100%。

（3）万泉河流域：主要参评河流有万泉河、定安河，全年评价河长 244.6 km，II～III 类水河长占总评价河长的 100%。其中 II 类水河长占总评价河长的 86.1%，III 类水河长占总评价河长的 13.9%（黄丹，2022；李龙兵 等，2020；李钊，2019）。

2）水功能区水质

2020 年全岛监测评价水功能区 66 个。年度达标水功能区 43 个，达标率为 65.2%，未达标的水功能区主要超标项目为总磷、高锰酸盐指数。

全岛共 24 个全国重要水功能区，达标 19 个，达标率为 79.2%；其中列入全国考核的 24 个全国重要水功能区水质达标率为 95.8%。

3）江河湖库及水源地水质

海南省主要湖库水质良好，优良湖库比例为 89.7%，IV 类比例为 7.7%，V 类比例为 2.6%，无劣 V 类湖库；中度富营养的湖库 1 个，轻度富营养的湖库 4 个。39 个主要湖库中：高坡岭水库水质中度污染、轻度富营养；湖山水库水质轻度污染、中度富营养；春江水库和石门水库水质轻度污染、轻度富营养；深田水库水质良好、轻度富营养；其余水库水质优良且呈贫营养或中营养状态。超 III 类点位主要污染指标为总磷、化学需氧量、高锰酸盐指数，主要受周边农村生活污水和农业种植废水影响。

4）饮用水源地水质

2024 年 9 月全省开展监测的 18 个市县（不含三沙市）27 个城市（镇）集中式饮用水地表水源地水质总体达标率为 100%。其中 18 个地表水水源地水质为优（I～II 类），占 66.67%；9 个地表水水源地水质为良，占 33.33%。

1.5.2 水资源开发利用

截至 2014 年，全岛共建成蓄水工程 2 945 座，其中大中小型水库 1 105 座，大型水库 10 座（松涛、万宁、戈枕、陀兴、红岭、大隆、牛路岭、长茅、石碌、大广坝水库）、中型水库 76 座、小型水库 1 019 座、其他微型水源工程 1 840 座，蓄水工程总库容达 112.12 亿 m³，兴利库容 71.74 亿 m³；引水工程 3 459 座，引水流量 162 m³/s；水轮泵站 69 处 137 台；水闸 321 座；固定机电排灌站 1 269 处 1 494 台，装机容量 2.71 万 kW。蓄、引、提工程设计年供水能力 53.1 亿 m³，现状实际年供水能力 45.3 亿 m³。已建成堤防工程 435.5 km，其中达标堤防 375.2 km。灌区现共有各类渠道 2.83 万 km，完成渠道防渗配套 1.05 万 km，占现有渠道长度的 37%。共配套各类渠系建筑物 8.82 万座，配套率仅 38%。

根据《2021 年海南省水资源公报》统计，全省总供水量 45.01 亿 m³，比上年增加 0.97 亿 m³。其中地表水源供水量 43.34 亿 m³，占总供水量的 96.3%；地下水源供水量 1.31 亿 m³，占总供水量的 32.9%；其他水源供水量 0.36 亿 m³，占总供水量的 0.8%。在地表水源供水量中，蓄水工程占 78.3%，引水工程占 13.5%，提水工程占 8.2%；地下水源供水量全部为浅层水。全省海水利用量 37.08 亿 m³，主要用于火电厂冷却水，海水利用较多的市县有昌江县、东方市和澄迈县。

2021 年全省总用水量 23.57 亿 m³。其中，农业用水量 18.95 亿 m³，占总用水量 80.4%；工业用水量 0.66 亿 m³，占总用水量 2.8%；生活用水量 3.37 亿 m³，占总用水量 14.3%；生态环境用水量 0.59 亿 m³，占总用水量 2.5%。

2021 年全省总供水量 45.01 亿 m³，水资源开发利用率 14.1%；人均用水量 441 m³，万元 GDP 用水量 69.5 m³，万元工业增加值用水量 22.4 m³，耕地实际灌溉亩均用水量 881 m³，农田灌溉水有效利用系数 0.574，城镇居民人均生活用水量（不含公共用水）178 L/d，农村居民人均生活用水量 139 L/d。

1.6 水生生物调查目的和意义

海南岛地处热带气候，气温温和，日照充足，雨量充沛，水生生物资源十分丰富。随着社会经济发展，水质的污染、水资源的开发，河流生境片段化，水生生物多样性面临多重考验。为了掌握海南岛主要河流水生生物现状，分析其面临的威胁，提出相关保护与恢复措施，以保障海南岛水资源开发利用与水生生态保护协调可持续发展。

▶▶▶ 第 2 章

水生生态调查内容与方法

2.1　调　查　内　容

2.1.1　水生生境

（1）水环境：水温、pH、电导率、溶解氧等。总氮、高锰酸钾指数、化学耗氧量及点源和非点源污染状况等（主要依据水环境专题研究成果）。

（2）河流生境：河道形态、比降、蜿蜒度、植被状况、底质、透明度、水温、流速、流态等。

2.1.2　饵料生物

（1）浮游植物：种类组成、数量分布、主要优势种及其数量等。

（2）浮游动物（原生动物、轮虫、枝角类、桡足类）：种类组成（包括优势种）、数量分布等。

（3）底栖动物：种类组成、分布、生物量，优势种、习性及其数量等。

2.1.3　鱼类资源

（1）种类组成：种属名称、分类地位、组成、分布及演变等。

（2）资源现状：鱼类群体结构，渔获物统计分析、渔业现状调查（渔业从业人员，渔具、渔法的种类数量及其变革，历年渔获总量，主要渔业对象及其分类产量等）。相对资源量（不同种类的数量和重量百分比）、资源量（生物密度、生物总量）。

（3）渔业现状：主要渔获对象、渔产量、渔业方式。

（4）主要鱼类的繁殖特性包括繁殖季节、产卵类型、产卵时间、繁殖规模及繁殖所需的环境条件。

（5）重要鱼类的生活习性，生境特点，重要生境分布。

2.2　调查与评价方法

2.2.1　资料收集

从相关主管部门收集的调查流域自然环境、社会经济发展和水生生态环境，以及渔业发展现状资料，调研整理以往的流域性调查成果资料。采取网络检索、实地踏勘、走访等方式，获取第一手资料。

2.2.2 水生生境

对采样断面附近的河道形态、植被状况、底质、透明度、水温、流速、流态等生境状况进行记录。

2.2.3 浮游生物

参考《淡水浮游生物研究方法》（章宗涉和黄祥飞，1995）和《河流水生生物调查指南》（陈大庆，2014）采集浮游生物定性和定量样品，并在实验室内处理、鉴定。

1. 试剂与器具

试剂：鲁氏碘液固定剂（称取 6 g 碘化钾溶于 20 ml 蒸馏水中，待完全溶解后，加入 4 g 碘，摇动至碘完全溶解，加蒸馏水定容到 100 mL，储存于棕色试剂瓶中）。
甲醛溶液：5%。
浮游植物调查器具：25 号浮游生物网，1 000 mL 水样瓶，1 000 mL 采水器，50 mL 样品瓶，1 000 mL 圆筒形玻璃沉淀器，内径 2 mm 乳胶管，洗耳球，刻度吸管（0.1 mL、1.0 mL），计数框 0.1 mL（10 格×10 格，共 100 格），盖玻片，显微镜及测微尺。
浮游动物调查器具：13 号浮游生物网，1000 mL 采水器，50 mL 水样瓶，沉淀器（1 000 mL），刻度吸管（1.0 mL，5.0 mL），计数框（1.0 mL、5.0 mL），显微镜，解剖镜，盖玻片，解剖针，直头镊子，弯头镊子。

2. 样品采集、固定剂浓缩

（1）样品采集在库心区、库湾、主要进水口、出水口附近、主要排污口、入库江河汇合处设点。河流在干流上游、中游、下游，主要支流汇合口上游、汇合后与干流充分汇合处，主要排污口附近、河口区等河段设置采样断面。根据河流宽度设置断面采样点，一般宽度小于 50 m 的只在中心区设点；宽度 50～100 m 的在两岸有明显水流处设点；宽度超过 100 m 的在左、中、右分别设置采样点。

（2）浮游植物采样层次：水深小于 3 m 时，只在中层采样；水深 3 m～6 m 时，在表层、底层采样，其中表层在离水面 0.5 m 处，底层在离泥面 0.5 m 处；水深 6 m～10 m 时，在表层、中层、底层采样；水深大于 10 m 时，在表层及 5 m、10 m 水深层采样，10 m 以下处除特殊需要外一般不采样。
浮游动物采样层次：根据水深，每隔 0.5 m、1 m 或 2 m 取一个水样加以混合，然后取一部分作为浮游动物定量之用。

（3）采样方法：浮游植物定量样品在定性采样之前用采水器采集，每个采样点取水样 1.5 L，分层采样时，取各层水样等量混匀后取水样 1 L。定性样品用 25 号浮游生物网在表层做"8"字形缓慢拖拽采集 5～10 min，待水滤去后，打开集水阀门将浮游植物装入 50 mL 样品瓶中。浮游动物中原生动物、轮虫和无节幼体定量可用浮游植物定量样品，定性样品采集方法与浮游植物采样方法相同。枝角类和桡足类定量样品在定性样品之前用采水器在每个采样点采水样 40 L，再用 25 号浮游生物网过滤浓缩，过滤物放入 50 mL 标本瓶中，并用滤出水洗过滤网 3 次，所得过滤物放入样品瓶中；定性样品用 13 号浮游生物网在表层划"8"字形缓慢拖拽采集，之后放入 50 mL 样品瓶中。

（4）样品固定：浮游植物样品用鲁氏碘液固定，用量为水样体积的 1.5%；浮游动物用甲醛溶液固定，用量为水样体积的 5%。

（5）样品浓缩：浮游植物水样摇匀后倒入 1 L 沉淀器中，2 h 后将沉淀器缓慢旋转，使沉淀器壁上尽量少附着浮游植物，再静置 24 h。充分沉淀后，连续 2 次用虹吸管慢慢吸取上清液，放入 50 mL 样品瓶中定容。原生动物、轮虫、无节幼体用浮游植物定量样品，枝角类和桡足类通常用过滤浓缩水样。

3. 种类鉴定与计数

1）浮游植物

浮游植物定性样品在 40 倍物镜×10 倍目镜的显微镜下进行鉴定，优势种类应鉴定到种，其他种类至少鉴定到属。浮游植物参照《中国淡水藻类——系统、分类及生态》（魏印心和胡鸿钧，2006）和《中国淡水藻志》（中国科学院中国孢子植物志编辑委员会，2018）进行鉴定到属或种。

浮游植物密度计算采用视野计数法。用 0.1 mL 计数框，在显微镜视野下进行浮游植物鉴定和计数，视野均匀地分布在计数框内，按公式计算浮游植物密度。每个样品计数 2 片，取平均值。生物量计算通常用单位体积中浮游植物的生物量（湿重，mg/L）作为定量单位。由于浮游植物体积太小，无法直接称重，但大多数种类的细胞较为规则，可按最近似的几何图形在显微镜下测定所需数据（长度、高度、直径等），按求积公式计算体积；对于形状不规则的浮游植物，可将其分为几个规则的部分，分别测量计算体积，然后求和得到浮游植物体积，最后根据"鲜藻密度和重量的换算关系"把浮游植物的体积换算为生物量。浮游植物每个优势种至少随机测定 30～50 个个体长度、高度、直径等，计算出每个个体体积，计算该种类体积平均值，然后根据"109 μm³ 浮游植物生物量约为 1 mg"计算生物量，其他非优势种可根据已有的资料查得相应浮游植物的体积，或参照《内陆水域浮游植物监测技术规程》（SL 733—2016）附录 D，求得生物量，其公式为

$$N = \frac{C_s}{F_s \times F_n} \times \frac{V}{U} \times P_n \qquad (2.2.1)$$

式中：N 为 1 L 水样中浮游植物细胞（或个体）密度，cells/L；C_s 为计数框面积，mm²；F_s 为视野面积，mm²；F_n 为计数过的视野数，个；V 为 1 L 水样经沉淀浓缩后的样品体积，mL；U 为计数框体积，mL；P_n 为每片计数出的浮游植物细胞（或个体）数，cells。

视野面积的计算：用物镜测微尺（台微尺）测定一定倍数下的视野直径（通常为×400

或×600），按圆面积公式πr^2计算。

2）浮游动物

原生动物样品在 20 倍物镜×10 倍目镜的显微镜下进行鉴定，个别较小个体在 40 倍物镜下观察，参照《淡水微型生物图谱》（周凤霞，2005）《中国动物志 原生动物门 肉足虫纲》（谭智源，1998）进行分类到属或种。轮虫在 10 倍物镜×10 倍目镜的显微镜下进行鉴定，部分小个体在 20 倍或 40 倍物镜下观察，参考《中国淡水轮虫志》（王家辑，1961）进行分类到属或种。甲壳类在解剖镜下解剖，在显微镜下进行鉴定，参考《中国动物志 节肢动物门 甲壳纲 淡水枝角类》（中国科学院动物研究所甲壳动物研究组，1979）、《中国动物志 节肢动物门 甲壳纲 淡水桡足类》（中国科学院动物研究所甲壳动物研究组，1979）进行分类属或种。

原生动物密度测定可用浮游植物的浓缩样品，将水样摇匀，取 0.1 mL 样品置于 0.1 mL 计数框内，显微镜下全片计数。测定轮虫和无节幼体密度，将浮游植物的定量样品摇匀，取 1 mL 置于 1 mL 计数框内，显微镜下全片计数。每个样品计数 2 片（误差不超过±15%），求出平均值，按式 2.2.2 计算水样中原生动物、轮虫、无节幼体的密度。

枝角类、桡足类密度测定时，将 40 L 过滤的浓缩样品摇匀，迅速吸取 5 mL 置于 5 mL 计数框内，在 40 倍显微镜下全片计数。每个样品计数 2 片（误差不超过±15%），求出平均值，按式 2.2.2 计算水样中枝角类、桡足类的密度。

水体浮游动物密度等于各类群浮游动物密度之和，其公式为

$$N_i = \frac{C \times V_1}{V_2 \times V_3} \qquad (2.2.2)$$

式中：N_i 为每升水样中 i 类浮游动物的个体数，个/L；C 为计数所得的个体数，个；V_1 为浓缩样品体积，mL；V_2 为计算体积，mL；V_3 为采样量，L。

浮游动物生物量计算：①体积法，根据浮游动物近似几何形状，在显微镜下测得该种浮游动物计算体积所需数据，按求体积公式计算体积。浮游动物的密度接近于水的密度，体积与密度相乘，得到该种浮游动物的体重（湿重），无节幼体 1 个可按 0.003 mg 湿重计算。②直接称重法，枝角类和桡足类样品可通过不同孔径的金属分样筛选出不同规格，在实体显微镜下挑选出体型正常，规格接近的个体测量其体长，枝角类测量从头部顶端（不含头盔）至壳刺基部，桡足类测量从头部顶端到尾叉末端。将体长一致的个体放置已烘干至恒重的载玻片上称量，一般选取 30～50 个，体型较小的称重 100 个以上，用滤纸吸收多余的水分，迅速用电子天平测量湿重，在恒温干燥箱中（70 ℃）烘干至恒重，将样品放在天平上称其干重，用体长—体重回归方程式，由体长求得体重。

2.2.4 底栖动物

参考《河流水生生物调查指南》（陈大庆，2014）调查底栖动物样品，在实验室内进行鉴定、计数。

1. 试剂与器具

试剂：75%乙醇溶液，体积比为75%。

器具：彼得森采泥器；标准手抄网；60目分样筛；封口袋；50 mL样品瓶；培养皿；解剖盘；吸管；小镊子；解剖针；解剖镜；显微镜；载玻片；盖玻片；电子天平（精度 0.000 1 mg）等。

2. 样品采集

可涉水区：应选择100 m常年流水的河段作为采样水域布设调查点。选取水深小于 0.6 m处进行。浅滩/急流生境（如卵石底质、树根、挺水植物覆盖处等）的底栖动物多样性及丰度通常是最高的，最具代表性且采集难度低，宜布设代表性样点。将手抄网采样框的底部紧贴河道底质，将采样框内较大的石块在手抄网的网兜内仔细清洗，石块上附着的大型底栖动物全部洗入网兜内。然后用小型铁铲搅动采样框的底质，所有底质与底栖动物均应采入采样网兜内，搅动深度宜为15~30 cm。每点采集2次（平行样）。

在岸边将网兜内的所有底质和大型底栖动物倒入盆内，加入一定量的水便于搅动。仔细清理盆中枯枝落叶等杂物，确保拣出的杂物中无底栖动物附着，然后轻柔地搅动盆内所有底质，由于底栖动物的质量相对较轻，会随着搅动漂浮于水中，立即用60目筛网过滤，重复数次，直至所有底栖动物都收集全为止。使用尖头镊子挑拣出底栖动物，立即放入盛有75%乙醇溶液的浓缩样品瓶内固定。

水库用彼得森采泥器采集底泥。主要采集水生昆虫、水生寡毛类及小型软体动物。每点采集2次（平行样）。采到的底泥倒入盆内，经60目金属筛过滤，去除泥沙和杂物，将筛网上肉眼可见的底栖动物用钟表镊子挑拣放入盛有75%乙醇溶液的浓缩样品瓶内固定。

3. 样品鉴定

比较大型的底栖动物样本可直接用放大镜和实体显微镜观察并参考有关资料进行种类鉴定；寡毛类和水生昆虫幼虫应制成玻片标本后，在显微镜下参考有关资料进行种类鉴定，鉴定到种并记录数量。

4. 计数与称重

把每个采样点采到的底栖动物，按不同种类，准确统计每个样品的个体数，用电子天平称其湿重，最后算出每个调查点底栖动物的密度（个/m²）和生物量（g/m²）。

2.2.5 鱼类资源

参考《内陆水域渔业资源调查手册》（张觉敏和何志辉，1991）和《河流水生生物调查指南》（陈大庆，2014）采集鱼类样品，并参照《中国动物志 硬骨鱼纲 鲤形目：中卷》（陈宜瑜，1998）、《中国动物志 硬骨鱼纲 鲤形目：下卷》（乐佩琦 等，2000）、《中国动物志 硬骨鱼纲 鲇形目》（褚新洛 等，1999）、《海南岛淡水及河口鱼类原色图鉴》（李新辉 等，2020）、《中国条鳅志》（朱松泉，1989）、《中国淡水鱼类检索》（朱松泉，1995）现场进行鉴定。

1. 器具

器具：刺网、地笼、钓具等，标本瓶（箱），标本袋，纱布，载玻片，硬刷，数码相机，显微镜，量鱼板，卷尺，注射器等。

2. 调查方法

鱼类调查，全年均可进行。宜结合文献、访问相关部门及人士（当地渔业部门、水产协会、水务部门、当地渔民），积累该水域鱼类的基础资料。在进行鱼类调查之前，应向有关主管部门办理好采捕手续等。

根据调查水体类型水库、河流分为如下两类。

（1）围（拖）网具为主：水库（湖泊）的鱼类采集以围网、拖网为主，同时在水库（湖泊）水浅的区域、上游河流入库点使用定置网进行捕捞并辅以其他可采用的方法（目前以电捕居多）进行采集。

（2）定置网具为主：河流调查断面的鱼类采集以定置网具为主，并辅以其他可采用的方法进行采集。

鱼类样本采集做到够用即可，减少捕捞，除保存必要样本外，其余个体应予以放流。鱼类现场调查采集渔获物过程中，进行录影、拍照作为调查结果分析的补充。

3. 鱼类样本的固定和保存

将所有捕获到的鱼类放在装有河水的水箱中，现场鉴定到科，并测量全部个体的体长（mm）、体重（g），测量后存活个体放流，死亡个体即用。

2.3　多样性指数计算

浮游生物、底栖动物、鱼类香农-维纳（Shannon-Wiener）生物多样性指数、皮洛（Pielou）均匀度指数、种类丰富度指数，各指数计算采用以下公式：

香农-维纳多样性指数 H'：

$$H' = -\sum \left(\frac{n_i}{N}\right)\ln\left(\frac{n_i}{N}\right) \tag{2.3.1}$$

式中：n_i 为第 i 个种的个体数目；N 为群落中所有种的个体总数。

玛格列夫（Margalef）指数：

$$D = \frac{S-1}{\ln N} \qquad\qquad (2.3.2)$$

式中：S 为群落中的总数目；N 为观察到的个体总数。

皮洛（Pielou）均匀度指数 J'：

$$J' = \frac{H'}{\ln S} \qquad\qquad (2.3.3)$$

式中：S 为种类数。

第 3 章

海南岛饵料生物调查

3.1 南 渡 江

3.1.1 采样点设置

2016 年 5 月对南渡江流域开展了 1 次饵料生物采样。

饵料生物采样断面共计 12 个，其中包含 8 条干流，从上游至下游依次为南开河、松涛库尾、松涛库中、迈湾、九龙滩库中、金江库中、东山、河口；另包含 4 条支流，从上游至下游依次为腰子河、大塘河、龙州河、巡崖河。

3.1.2 各采样点地理位置

各采样点水域、名称及经纬度、海拔、生境概况等信息见表 3.1.1。

表 3.1.1 南渡江各采样点信息

序号	采样时间	采样点名称	经度	纬度	海拔/m	水温/℃
1	2016/5/27 9:00	南开河	109°29′28.42″	19°9′9.86″	194	25.0
2	2016/5/27 7:40	松涛库尾	109°28′5.97″	19°14′36.69″	182	29.2
3	2016/5/26 13:00	松涛库中	109°33′33.91″	19°23′15.52″	177	28.5
4	2016/5/25 10:10	迈湾	109°53′22.66″	19°22′56.4″	73	26.8
5	2016/5/24 9:40	九龙滩库中	109°57′30.14″	19°34′35.26″	50	31.0
6	2016/5/23 8:00	金江库中	109°58′12.36″	19°41′38.98″	26	30.4
7	2016/5/20 15:50	东山	110°11′46.82″	19°44′34.19″	14	31.0
8	2016/5/18 14:30	河口	110°24′28.59″	19°58′30.09″	3	32.8
9	2016/5/25 10:20	腰子河	109°42′9.98″	19°20′38.57″	132	29.0
10	2016/5/23 9:00	大塘河	109°58′6.03″	19°42′33.56″	32	29.8
11	2016/5/20 17:30	龙州河	110°13′4.62″	19°37′40.49″	23	31.2
12	2016/5/21 11:00	巡崖河	110°23′2.7″	19°42′42.65″	15	30.3

3.1.3 各采样点生境概况

（1）南开河：该采样断面位于白沙县元门乡，为南渡江源头干流。河面宽约 50 m，两岸植被良好，河水清澈，河流为自然山区溪流，蜿蜒曲折，生境多样性丰富，流速 1～1.5 m/s，底质为巨石、砾石、卵石、细砂相间 [图 3.1.1（a）]。

（2）松涛库尾：该采样断面位于白沙县牙叉镇，为松涛水库静水库湾之一，有大量渔船停靠。两岸有村庄、农田。底质为淤泥。采样时水库处于低水位，水体略带土黄色，水面有少量渔船泄露的油污[图3.1.1（b）]。

（3）松涛库中：该采样断面位于南丰镇南丰村，距岸边约2 km的水库库中，该处水深约20 m，水质清澈，透明度2.5 m。水库周边山体植被茂盛，但消落区明显，植被稀疏[图3.1.1（c）]。

（4）迈湾：该采样断面位于屯昌县南坤镇合水村附近，两岸植被茂盛。采样时正是暴雨过后，河水猛涨，水流湍急，流速约2.5m/s，水体含沙量较高，为土黄色[图3.1.1（d）]。

（5）九龙滩库中：该采样断面位于九龙滩坝址上游约2 km，为水库库中静水生境，九龙滩水库为河道型水库，河面宽约100 m。水体透明度较高。两岸植被茂密，有一定的消落带，消落带植被稀疏。底质为淤泥[图3.1.1（e）]。

（6）金江库中：该采样断面位于金江坝址上游约4 km，在澄迈县城上游，为水库库中静缓流生境，河面开阔，宽约800 m，周边有采砂船。水质清澈，呈碧绿色[图3.1.1（f）]。

（7）东山：该采样断面位于东山镇上游约3 km。可能是受上游水库调节及降水较小的影响，采样时该断面水量较小，河滩地部分裸露，且河心有采砂后留下的沙堆，河道生境破坏严重。该断面水质清澈，水流流速约1 m/s[图3.1.1（g）]。

（8）河口：该采样断面位于南渡江第一大桥下游约500 m。河面开阔，宽约600 m，两岸城镇，岸边有护坡、道路，河滨带水生植物丰茂，底质为细砂，水色浑黄，流速较缓，约0.2 m/s[图3.1.1（h）]。

（9）腰子河：该采样断面位于腰子河河口以上约2 km，腰子河最下游一级梯级以上约100 m。两岸植被茂密。采样时刚刚洪水退去，两岸有明显退水后的痕迹。河面宽约35 m，流速1.2 m/s。水体土黄色，底质为淤泥和细砂[图3.1.1（i）]。

（10）大塘河：该采样断面距大塘河河口约2 km，河面宽约60 m，两岸植被茂密，特别是左岸水生植被丰富，右岸有段硬质护岸。水体呈土黄色，流速较缓，约0.5 m/s[图3.1.1（j）]。

（a）南开河

（b）松涛库尾

（c）松涛库中　　　　　　　　　　　　　　　（d）迈湾

（e）九龙滩库中　　　　　　　　　　　　　　（f）金江库中

（g）东山　　　　　　　　　　　　　　　　　（h）河口

（i）腰子河　　　　　　　　　　　　　　　　（j）大塘河

（k）龙州河　　　　　　　　　　　　　　　　（l）巡崖河

图 3.1.1　水生生态调查断面生境图

　　（11）龙州河：该采样断面距离龙州河河口约 5 km，河面宽约 40 m。两岸植被茂盛，水体呈碧绿色。流速较缓，几乎为静水 [图 3.1.1（k）]。

　　（12）巡崖河：该采样断面距巡崖河河口约 4 km，河面宽约 50 m，两岸植被茂盛，有少量农田和村庄。水体碧绿，流速较缓，几乎为静水，约 0.2 m/s [图 3.1.1（l）]。

3.1.4　浮游植物

1. 浮游植物种类组成与分布

　　调查水域共检出浮游植物计 7 门 106 种（图 3.1.2、表 3.1.2、附表 1.1）。其中硅藻门 41 种、占检出种类的 38.68%；绿藻门 32 种，占检出种类的 30.19%；蓝藻门 16 种，占检出种类的 15.09%；甲藻门 4 种，占检出种类的 3.77%；金藻门 1 种、占检出种类的 0.94%；隐藻门 3 种，占检出种类的 2.83%；裸藻门 9 种，占检出种类的 8.49%。调查水域浮游植物组成以硅藻门为主，其次为绿藻门，再次为蓝藻门，其他种类偶见。常见种类有钝脆杆藻、针杆藻、桥弯藻、舟形藻、等片藻等。其中两个库中断面——松涛库中和金江库中，由于生境单一化，浮游植物种类组成较简单，且硅藻门种类数显著减少。

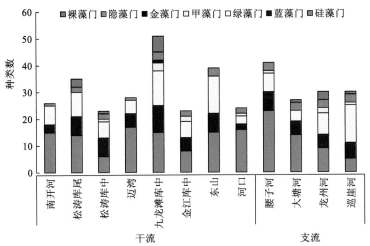

图 3.1.2　南渡江调查水域浮游植物种类组成及水平分布

表 3.1.2　南渡江调查水域浮游植物种类组成

种类组成	硅藻门	蓝藻门	绿藻门	甲藻门	金藻门	隐藻门	裸藻门	合计
南开河	15	3	7	0	0	1	0	26
松涛库尾	14	7	9	0	0	2	3	35
松涛库中	6	7	6	1	0	2	1	23
迈湾	17	5	5	0	0	1	0	28
九龙滩库中	15	10	13	3	1	3	6	51
金江库中	8	5	6	2	0	2	0	23
东山	15	7	14	0	0	3	0	39
河口	16	2	3	1	0	2	0	24
腰子河	23	7	7	1	0	3	0	41
大塘河	14	5	4	0	0	3	1	27
龙州河	9	5	8	2	0	3	3	30
巡崖河	5	6	14	1	0	3	1	30

注：种类有重叠。

2. 浮游植物现存量

1）浮游植物密度

调查水域浮游植物平均密度为 23 689 163 cells/L。其中硅藻门占 6.99%，绿藻门占

12.33%，蓝藻门占 74.99%，甲藻门占 0.60%，金藻门占 0.01%，隐藻门占 5.05%，裸藻门占 0.09%（图 3.1.3）。

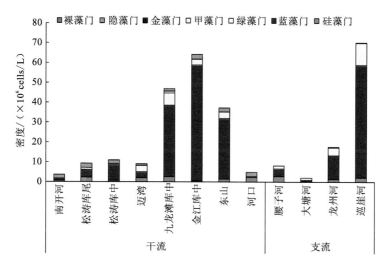

图 3.1.3 南渡江调查水域浮游植物密度水平分布

浮游植物密度变化趋势是：巡崖河>金江库中>九龙滩库中>东山>龙州河>松涛库中>松涛库尾>迈湾>腰子河>河口>南开河>大塘河（表 3.1.3）。

表 3.1.3 南渡江调查水域浮游植物密度组成　　　　（单位：cells/L）

密度组成	硅藻门	篮藻门	绿藻门	甲藻门	金藻门	隐藻门	裸藻门	合计
南开河	713 376	905 874	90 587	0	0	1 947	0	3 657 466
松涛库尾	2 343 949	3 804 671	985 138	0	0	2 174	0	9 307 856
松涛库中	747 346	7 767 870	656 759	45 294	0	1 766	33	11 017 693
迈湾	2 140 127	2 853 503	3 227 176	0	0	815	67	9 104 034
九龙滩库中	2 604 388	35 963 199	6 205 237	996 461	22	1 124	0	46 916 726
金江库中	543 524	58 360 934	2 853 503	67 941	0	2 343	0	64 169 851
东山	1 494 692	30 482 661	3 261 146	0	0	2 015	0	37 254 069
河口	2 377 919	67 941	203 822	67 941	0	2 174	0	4 891 720
腰子河	2 827 837	3 819 769	1 502 241	0	0	0	0	8 149 847
大塘河	475 584	509 554	1 087 049	0	0	0	0	2 072 187
龙州河	1 426 752	11 912 243	3 963 199	317 056	0	2	3	17 619 255
巡崖河	2 174 098	56 730 361	11 006 369	203 822	0	0	0	70 114 650

2）浮游植物生物量

调查水域浮游植物平均生物量为 5.969 5 mg/L。其中硅藻门占 29.65%；绿藻门占 21.87%；蓝藻门占 19.57%；甲藻门占 5.79%；金藻门占 0.06%；隐藻门占 17.37%；裸藻门占 5.69%（图 3.1.4、表 3.1.4）。

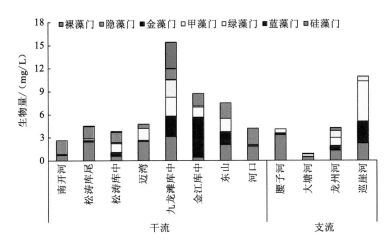

图 3.1.4　南渡江调查水域浮游植物生物量水平分布

表 3.1.4　南渡江调查水域浮游植物生物量组成　　　　　　　（单位：mg/L）

生物量组成	硅藻门	篮藻门	绿藻门	甲藻门	金藻门	隐藻门	裸藻门	合计
南开河	0.730 4	0.045 3	0.070 2	0	0	1.793	0	2.639 5
松涛库尾	2.462 8	0.190 2	0.217 4	0	0	1.562	0.067	4.501 1
松涛库中	0.588 8	0.479 0	1.155 0	0.135	0	1.340	0.113	3.812 6
迈湾	2.496 8	0.142 7	1.549 0	0	0	0.553	0	4.742 3
九龙滩库中	3.147 9	2.653 1	2.459 4	2.242	0.045	1.409	3.442	15.399 5
金江库中	0.458 6	5.180 5	1.331 6	0.135 9	0	1.617	0	8.723 6
东山	2.094 8	1.648 7	1.743 8	0	0	2.020	0	7.507 4
河口	1.851 4	0.003 5	0.040 8	0.135	0	2.146	0	4.178 3
腰子河	3.352 1	0.206 1	0.517 9	0	0	0	0	4.076 1
大塘河	0.475 6	0.039 1	0.312 5	0	0	0	0.067	0.895 1
龙州河	1.319 2	0.595 6	1.050 8	0.883	0	0	0.385	4.233 8
巡崖河	2.259 0	2.836 5	5.217 8	0.611	0	0	0	10.924 8

调查区域浮游植物生物量变化趋势是：九龙滩库中>巡崖河>金江库中>东山>迈湾>
松涛库尾>龙州河>腰子河>松涛库中>南开河>大塘河。

3. 现状评价

调查水域浮游植物种类以硅藻门为主、绿藻门和蓝藻门次之，基本与河流浮游植物
种类组成一致。浮游植物密度巡崖河断面最高，金江库中断面次之，大塘河较低，基本
反映了河流营养物质的丰富度及梯级建设导致水文情势改变，流水生境转变为静缓流生

境后浮游植物生物量增加这一基本规律。

生物多样性是生态系统中生物物种组成结构的重要指标,它不仅反映生物群落组织化水平,而且可以通过结构和功能的关系反映群落的本质属性。香农-维纳生物多样性指数在生态学意义上主要反映生态系统中生物物种的丰富度和均匀度。

藻类生物多样性采用香农-维纳多样性指数(公式计算,调查区域各断面浮游植物香农-维纳生物多样性指数见表3.1.5。从各断面浮游植物的香农-维纳生物多样性指数看南渡江水域浮游植物种类较丰富而且各种类数量均匀。

表 3.1.5   南渡江调查水域浮游植物多样性

断面	种类数	香农-维纳生物多样性指数
南开河	26	2.06
松涛库尾	35	2.36
松涛库中	23	1.67
迈湾	28	2.42
九龙滩库中	51	2.45
金江库中	23	0.90
东山	39	1.33
河口	24	1.59
腰子河	41	2.63
大塘河	27	1.80
龙州河	30	1.74
巡崖河	30	1.80

3.1.5 浮游动物

1. 浮游动物种类组成与分布

南渡江调查水域共检出浮游动物61属105种。其中原生动物22属39种,占检出总种类数的37.14%;轮虫22属41种,占39.05%;枝角类6属9种,占8.57%;桡足类11属16种,占15.24%。南渡江干流共检出浮游动物96种,其中原生动物35种,占36.46%;轮虫38种,占39.58%;枝角类9种,占9.38%;桡足类14种,占14.58%。浮游动物种类组成在水平分布上出现两次递减趋势,分别是松涛库尾至迈湾逐渐递减,九龙滩库中至河口逐渐递减;松涛库尾和库中、九龙滩库中、金江库中浮游动物种类数高于流水河段(图3.1.5,附表2.1)。支流检出浮游动物67种,其中原生动物19种,占28.36%;轮虫30种,占44.78%;枝角类7种,占10.45%;桡足类11种,占16.42%。支流中巡崖河检出浮游动物种类数最多,依次是腰子河、大唐河,龙州河最少(图3.1.5)。

南渡江调查水域浮游动物种类组成以轮虫为主，其次是原生动物，枝角类较少。常见种分别是旋回侠盗虫（*Strobilidium gyrans*）、小筒壳虫（*Tintinnidium pusillum*）、淡水筒壳虫（*T. fluviatile*）、角突臂尾轮虫（*Brachionus angularis*）、暗小异尾轮虫（*Trichocerca pusilla*）、广生多肢轮虫（*Polyarthra vulgaris*）、长肢秀体溞（*Diaphanosoma leuchtenbergianum*）、长额象鼻溞（*Bosmina longirostris*）、大尾真剑水蚤（*Eucyclops macruroides*）、小型后剑水蚤（*Metacyclops minutus*）等。

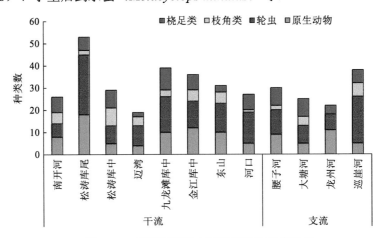

图 3.1.5　南渡江调查水域浮游动物种类组成

2. 浮游动物现存量

2016 年 5 月南渡江调查水域浮游动物密度在 564.67～9 227.07 ind./L，平均密度 3 111.79 ind./L，其中原生动物平均密度为 1 884.26 ind./L，占南渡江浮游动物总平均密度的 60.55%；轮虫平均密度 1 154.36 ind./L，占 37.11%；桡足类平均密度 62.57 ind./L，占 2.01%；枝角类平均密度 10.28 ind./L，占 0.33%。生物量在 0.070 5～1.973 2 mg/L，平均生物量是 0.666 7 mg/L，其中原生动物平均生物量是 0.023 6 mg/L，占 3.54%；轮虫平均生物量是 0.292 8 mg/L，占 43.92%；枝角类平均生物量是 0.102 8 mg/L，占 15.43%；桡足类平均生物量是 0.247 0 mg/L，占 37.11%（表 3.1.6）。

南渡江干流浮游动物平均密度是 3 045.45 ind./L，其中原生动物占 59.51%、轮虫占 37.99%，桡足类占 2.06%，枝角类占 0.44%。干流九龙滩库中至河口浮游动物密度随水流方向逐渐递减，干流浮游动物密度在水平分布上由高到低分别是九龙滩库中>松涛库尾>迈湾>金江库中>东山>南开河>河口>松涛河库中（图 3.1.6）。南渡江干流浮游动物平均生物量是 0.756 3 mg/L，其中原生动物占 3.19%，轮虫占 44.72%，枝角类占 17.65%，桡足类占 34.44%。从图 3.1.7 看，干流各库区浮游动物生物量高于流水河段，松涛河库尾至迈湾生物量随水流方向逐渐递减，九龙滩库中至河口逐渐递减。干流浮游动物生物量在水平分布上由高到低是：九龙滩库中>金江库中>松涛库尾>松涛库中>迈湾>东山>河口>南开河。

表 3.1.6　南渡江调查水域浮游动物密度和生物量

采样断面	密度/(ind./L)					生物量/（mg/L）				
	原生动物	轮虫	枝角类	桡足类	合计	原生动物	轮虫	枝角类	桡足类	合计
南开河	1 666.67	55.5	5.6	8.4	1 736.22	0.009 9	0.032 5	0.056 0	0.048 2	0.146 6
松涛库尾	2 888.89	866.6	25.6	43.2	3 824.36	0.087 9	0.257 8	0.256 0	0.263 2	0.864 9
松涛库中	333.33	133.3	19.2	78.8	564.67	0.001 8	0.026 2	0.192 0	0.278 5	0.498 6
迈湾	3 000.00	83.3	2.4	3.0	3 088.73	0.020 2	0.312 7	0.024 0	0.013 9	0.370 7
九龙滩库中	2 666.67	6 500.00	6.8	53.6	9 227.07	0.030 8	1.657 6	0.068 0	0.216 8	1.973 2
金江库中	1 444.44	516.6	40	288.4	2 289.51	0.016 7	0.106 5	0.400 0	1.182 0	1.705 2
东山	1 055.56	950.0	4.4	0.4	2 010.36	0.014 3	0.206 7	0.044 0	0.001 2	0.266 2
河口	1 444.44	150.0	2.8	25.4	1 622.64	0.011 6	0.105 7	0.028 0	0.080 0	0.225 3
腰子河	2 000.00	33.3	1.2	9.2	2 043.73	0.013 2	0.014 7	0.012 0	0.044 9	0.084 8
大塘河	1 333.33	133.3	6.8	10.0	1 483.47	0.031 5	0.041 4	0.068 0	0.045 6	0.186 5
龙州河	3 777.78	233.3	0.2	0.45	4 011.76	0.032 4	0.034 1	0.002 0	0.002 0	0.070 5
巡崖河	1 000.00	4 200.00	8.4	230.0	5 438.40	0.013 3	0.717 3	0.084 0	0.792 6	1.607 2

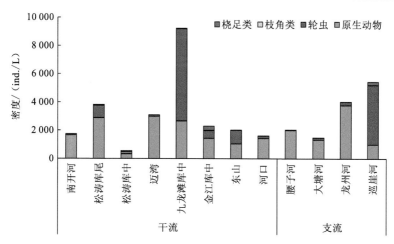

图 3.1.6　南渡江调查水域浮游动物密度组成及水平分布

　　南渡江支流浮游动物密度在 1 483.47～5 438.40 ind./L，巡崖河最高、依次是龙州河、腰子河、大塘河；生物量在 0.070 5～1.607 2 mg/L，下游支流巡崖河生物量最高，其次是大塘河、腰子河，龙州河最低（图 3.1.7）。

　　南渡江调查水域浮游动物密度组成以原生动物为主，库区河段轮虫出现数量较高（图 3.1.6）；生物量组成以轮虫为主，库区河段及下游支流巡崖河枝角类、桡足类生物量较高（图 3.1.7）。库区河段浮游动物优势种相似，分别是旋回侠盗虫、小筒壳虫、淡水筒壳虫、暗小异尾轮虫、广生多肢轮虫等。

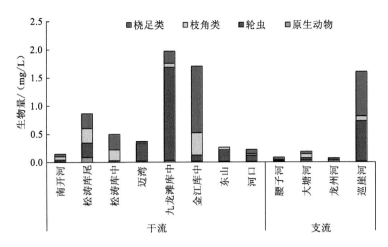

图 3.1.7 南渡江调查水域浮游动物生物量组成及水平分布

3. 浮游动物现状评价

本次调查南渡江浮游动物轮虫和原生动物种类较多，密度组成中原生动物占优势，生物量组成中轮虫、桡足类所占比例较大。南渡江松涛库区、九龙滩库区、金江库区静缓流水域适宜浮游动物生长，其种类、密度、生物量及多样性指数均高于流水河段南开河、迈湾、河口等区域。支流水流缓慢的巡崖河浮游动物种类、密度和生物量高于其他支流。

浮游动物生物多样性采用香农-维纳生物多样性指数公式计算，从南渡江各断面浮游动物的香农-维纳生物多样性指数看，松涛库尾、金江库中、东山、九龙滩库中、松涛库中断面浮游动物多样性指数稍高于上游南开河、迈湾、河口，支流采样点较库区低，说明各库区浮游动物种类较丰富而且各种类数量均匀（表3.1.7）。

表 3.1.7 南渡江调查水域浮游动物多样性

断面	种类数	香农-维纳生物多样性指数
南开河	10	1.64
松涛库尾	23	3.76
松涛库中	12	2.84
迈湾	12	1.85
九龙滩库中	27	3.01
金江库中	19	3.78
东山	16	3.29
河口	8	1.80
腰子河	9	1.58

断面	种类数	香农-维纳生物多样性指数
大塘河	12	2.38
龙州河	14	2.18
巡崖河	20	2.70

3.1.6 底栖动物

1. 底栖动物种类组成与分布

南渡江调查水域底栖动物 21 种,软体动物、节肢动物分别有 11 种、10 种,主要种类有铜锈环棱螺、肋蜷、短丝蜉、丝螅、多足摇蚊、前突摇蚊、沼虾、米虾等,底栖动物名录及分布见附表 3.1。

南渡江干流底栖动物 14 种,软体动物、节肢动物分别为 8 种和 6 种,主要种类有铜锈环棱螺、肋蜷、前突摇蚊、沼虾、米虾等。干流库区河段底质为淤泥、沙质,水体相对静止,底栖动物共 7 种,主要种类为摇蚊及虾科生物。松涛库中、库尾河段底栖动物 3 种,为前突摇蚊、水蝗、沼虾;金江库中河段底栖动物 3 种,为铜锈环棱、沼虾、米虾;九龙滩库中河段底栖动物 5 种,主要种类为摇蚊及虾科生物。干流流水河段底栖动物 8 种,迈湾河段水流湍急、水体含沙量高,可能是暴雨导致河水急涨原因,底栖动物仅检出 1 种。河口河段底质为细砂,水色浑黄,流速较缓,底栖动物 7 种,主要为软体动物及虾科生物。

南渡江支流流速较为缓慢,底质多为泥沙质,底栖动物共 9 种,软体动物、节肢动物分别有 4 种和 5 种,主要种类有铜锈环棱、短丝蜉、丝螅、多足摇蚊、米虾等。支流腰子河、大塘河、龙州河、巡崖河底栖动物种类组成基本相同,种类数分别有 5 种、3 种、4 种、5 种。

2. 底栖动物现存量

南渡江调查水域底栖动物平均密度 32 ind./m^2,平均生物量 7.25 g/m^2,其中干流底栖动物平均密度 29 ind./m^2,平均生物量 3.27 g/m^2;支流底栖动物平均密度 39 ind./m^2;平均生物量 15.20 g/m^2(表 3.1.8)。

南渡江干流库区河段底栖动物平均密度为 18 ind./m^2,平均生物量为 0.59 g/m^2,其中松涛水库库尾、库中河段底栖动物现存量较低,平均密度为 10 ind./m^2,平均生物量为 0.42 g/m^2;九龙滩库中河段底栖动物现存量较高,平均密度为 33 ind./m^2,平均生物量为 0.86 g/m^2。干流流水河段底栖动物平均密度为 39 ind./m^2,平均生物量为 5.96 g/m^2,其中迈湾河段底栖动物现存量较低,密度为 7 ind./m^2,生物量为 0.24 g/m^2,可能是由于采样期间刚刚发生洪水,给采样带来一定难度,且洪水对底栖动物的冲刷导致其现存量暂时性下降。河口段底栖动物现存量较高，密度为 60 ind./m²，生物量为 12.04 g/m²。

南渡江支流龙州河、巡崖河底栖动物现存量较高，腰子河现存量相对较低。由于软体动物数量分布较多，支流底栖动物密度、生物量整体高于干流。

总体来看，南渡江流水河段底栖动物密度和生物量大于库区静水河段。

表 3.1.8　南渡江调查水域底栖动物密度和生物量

采样断面		密度/（ind./m²）			生物量/（g/m²）		
		软体动物	节肢动物	合计	软体动物	节肢动物	合计
干流	南开河	57	—	57	9.45	—	9.45
	松涛库尾	—	13	13	—	0.83	0.83
	松涛库中	—	7	7	—	0.01	0.01
	迈湾	—	7	7	—	0.24	0.24
	九龙滩库中	—	33	33	—	0.86	0.86
	金江库中	10	10	20	0.38	0.27	0.65
	东山	3	30	33	0.25	1.86	2.11
	河口	43	17	60	11.04	1.00	12.04
支流	腰子河	3	33	37	3.37	0.12	3.49
	大塘河	20	10	30	10.54	0.03	10.57
	龙州河	33	10	43	27.77	0.04	27.81
	巡崖河	27	17	43	18.71	0.22	18.94
干流均值		14	15	29	2.64	0.63	3.27
支流均值		21	18	38	15.10	0.10	15.20
调查水域均值		16	16	32	6.79	0.46	7.25

3. 现状评价

南渡江调查水域底栖动物共检出 21 种，软体动物、节肢动物分别为 11 种和 10 种，主要种类有铜锈环棱螺、肋蜷、短丝蜉科、丝蟌、多足摇蚊、前突摇蚊、沼虾、米虾等，底栖动物平均密度为 32 ind./m²，平均生物量为 7.25 g/m²。

南渡江干流底栖动物 14 种，软体动物、节肢动物分别为 8 种和 6 种，主要种类有铜锈环棱螺、肋蜷、前突摇蚊、沼虾、米虾等，底栖动物平均密度为 29 ind./m²，平均生物量为 3.27 g/m²。干流松涛、九龙滩等水库库区河段底栖动物以摇蚊及虾科生物为主，底栖动物密度均值为 18 ind./m²，生物量均值为 0.59 g/m²；南开河及迈湾等上游、中游流水河段底栖动物种类分布少，现存量低，可能是由于采样期间刚刚发生洪水，给采样带来一定难度，且洪水对底栖动物的冲刷导致其现存量暂时性下降。下游河口段底栖动物种类相对较多，以软体动物、虾科生物为主，底栖动物现存量较高。

南渡江调查水域支流水流缓慢，底栖动物9种，主要种类有铜锈环棱、短丝蜉、丝蟌、多足摇蚊、米虾等，底栖动物平均密度为 39 ind./m²，平均生物量为 15.20 g/m²。腰子河、大塘河等支流水文情势基本相同，底栖动物种类结构相近，软体动物数量较多，底栖动物密度、生物量整体高于干流。

3.2 昌 化 江

3.2.1 采样点设置

2018 年 6 月对昌化江流域开展了饵料生物采样。

饵料生物采样断面共计 14 个，其中干流 8 个，从上游至下游依次为罗解水电站上游、牙挽水电站下游、番阳镇上游、大广坝库尾、大广坝库中、七叉镇、叉河镇、入海口；支流包括五指山水库上游、通什水、保隆河、南巴河、南饶河、石碌河。

3.2.2 各采样点地理位置

各采样点水域、名称及经纬度、生境概况等信息见表 3.2.1。

表 3.2.1　昌化江各采样点信息

序号	断面	采样时间	经度	纬度	水温/℃
1	罗解水电站上游	2018/6/24 18:00	109°40′38″	18°58′9″	25.4
2	牙挽水电站下游	2018/6/24 16:00	109°36′38″	18°59′48″	27.3
3	番阳镇上游	2018/6/16 11:20	109°21′51″	18°51′53″	27.4
4	大广坝库尾	2018/6/09 10:52	109°9′42.86″	18°46′11.86″	31.1
5	大广坝库中	2018/6/08 10:40	109°0′35.71″	18°52′54.79″	28.9
6	七叉镇	2018/6/19 9:40	109°1′20.94″	19°6′44.08″	28.9
7	叉河镇	2018/6/10 13:00	108°56′57.68″	19°13′9.34″	28.9
8	入海口	2018/6/20 13:20	108°46′15″	19°14′56″	31
9	五指山水库上游	2018/6/25 11:52	109°37′36″	18°53′55″	25.5
10	通什水	2018/6/16 10:30	109°23′31″	18°51′48″	27.8
11	保隆河	2018/6/18 17:20	109°14′19″	18°42′57″	27.6
12	南巴河	2018/6/18 9:00	109°5′50″	18°46′33″	25.4
13	南饶河	2018/6/23 11:30	109°8′30″	18°58′37″	27.5
14	石碌河	2018/6/11 17:15	109°10′27.35″	19°13′30.99″	29.8

3.2.3　采样断面生境概况

（1）罗解水电站上游：采样断面位于罗解村上游，右侧有支沟汇入，透明度见底，水深 0.5～1.3 m，水色浅绿，流速 0.3～0.8 m/s，底质为卵石、砾石、粗砂、腐殖质，左右两岸周边灌木丛茂密，四周均为农田，以种植桑叶为主[图 3.2.1（a）]。

（2）牙挽水电站下游：采样断面位于什运乡上游，左侧支沟由于下雨有黄泥洪水汇入，主流水清透明见底，水深 0.5～0.8 m，流速 0.4 m/s，底质为岩石、泥沙、卵石，河滩灌木丛较多，左侧河岸有水泥护坡[图 3.2.1（b）]。

（3）番阳镇上游：采样断面位于番阳镇附近，水深 1.5 m，透明度 40 cm，水色浅绿，流速 0.4 m/s，底质为卵石、泥沙，右岸滩潭较多，两岸周边植被茂密[图 3.2.1（c）]。

（4）大广坝库尾：采样断面透明度 30 cm，流速 0.05 m/s，水深大于 5 m，泥黄色淤沙，粗砂底质，未采集到底栖生物，两岸植被茂密，水面宽 100 m，周边停靠渔船较多，周边植被茂密[图 3.2.1（d）]。

（5）大广坝库中：采样断面位于狭长型水库库中，两岸植被茂密，水面风浪较大，水深较深（采样点约 12 m），透明度约 1.5 m[图 3.2.1（e）]。

（6）七叉镇：采样断面水色浅绿，静缓流态，水深大于 1.5 m，透明度 60 cm，底质为粗砂，左右两岸植被茂密[图 3.2.1（f）]。

（7）叉河镇：采样断面河谷十分开阔，河岸带大面积裸露形成沙地，水流较浅，底质为细砂[图 3.2.1（g）]。

（8）入海口：采样断面水色浅绿，静缓流态，水深大于 1.5 m，透明度 60 cm，底质为粗砂，河中有心滩水草茂密，右岸农田，左岸河滩约 100 m 以卵石为主[图 3.2.1（h）]。

（9）五指山水库上游：采样断面透明度见底，水深 0.6 m，流速 0.4 m/s，浅绿色，底质为礁石、卵石、砾石、粗砂，水面宽 20 m，两岸坡度约 30 度处有玉米地，周边灌木丛茂密[图 3.2.1（i）]。

（10）通什水：采样断面水深大于 1 m，透明度 60 cm，流速 0.3～0.5 m/s，浅黄绿色，石块，砾石底质。由于通什水上方修高速桥，架桥频繁，本次采样点在小水坝下游约 300 m 处，因水文状态改变频繁，致底栖生物生境不稳定，两岸植被茂密[图 3.2.1（j）]。

（11）保隆河：采样断面静缓流，水色墨绿色，透明度 20 cm，底质为泥、腐殖质，水草丰度，两岸植被茂密[图 3.2.1（k）]。

（12）南巴河：采样断面水面宽 50 m，水深大于 5 m，透明度 30 cm，水色褐绿色，流速 0.1 m/s，底质为泥黄色、岩石、沙壤、淤泥，水位变幅较大，破坏底栖营生地，未采集到底栖生物，两岸植被茂密[图 3.2.1（l）]。

（13）南饶河：采样断面河道水面宽 20 m，水体清澈透明，浅蓝绿色，水深小于 1.8 m，流速 0.3～1.0 m/s，底质为砾石、卵石、粗砂、腐殖质，左侧河滩较宽，有灌木，右岸崖壁灌木丛茂密[图 3.2.1（m）]。

（14）石碌河：采样点位于石碌县下游拦河坝附近，水量较大，但仅少量水流溢流过坝，坝左岸设有放水闸门，拦河坝下游河道内灌木丛生，水流从灌木丛中穿流而过，推测水量较小时，下游灌丛可能是干涸的[图 3.2.1（n）]。

（a）罗解水电站上游

（b）牙挽水电站下游

（c）番阳镇上游

（d）大广坝库尾

（e）大广坝库中

（f）七叉镇

（g）叉河镇 （h）入海口

（i）五指山水库上游 （j）通什水

（k）保隆河 （l）南巴河

（m）南饶河 （n）石碌河

图 3.2.1 水生生态调查断面生境图

3.2.4　浮游植物

1. 浮游植物种类组成与分布

昌化江调查水域共检出浮游植物 7 门 123 种（附表 1.1）。其中硅藻门 50 种、占检出种类的 40.65%；蓝藻门 19 种、占检出种类的 15.45%；绿藻门 41 种，占检出种类的 33.33%；甲藻门 2 种，占检出种类的 1.63%；金藻门、隐藻门各 3 种，均占检出种类的 2.44%；裸藻门 5 种，占检出种类的 4.06%。

昌化江调查水域干流共检出浮游植物 7 门 102 种。其中硅藻门 45 种，占检出种类的 44.12%；绿藻门 16 种，占检出种类的 15.69%；蓝藻门 32 种，占检出种类的 31.37%；甲藻门、金藻门和裸藻门各 2 种，均占检出种类的 1.96%；隐藻门 3 种，占检出种类的 2.94%。干流各采样点浮游动物种类在 21～41，最多是入海口，最少的是番阳镇上游（表 3.2.2、图 3.2.2）。

调查水域支流共检出浮游植物 7 门 90 种。其中硅藻门 39 种，占检出种类的 43.33%；蓝藻门 14 种，占检出种类的 15.56%；绿藻门 28 种，占检出种类的 31.11%；金藻门 2 种，占检出种类的 2.22%；隐藻门 3 种，占检出种类的 3.33%；裸藻门 4 种，占检出种类的 4.45%。支流浮游动物种类在 26～34 波动，石碌河种类最多，通什水种类最少。

调查水域浮游植物组成以硅藻门为主，其次为绿藻门，再次为蓝藻门，其他种类偶见（表 3.2.2），常见种类有针杆藻、舟形藻、桥弯藻、小颤藻、栅藻、尖尾蓝隐藻等（附表 1.1）。

表 3.2.2　昌化江调查水域浮游植物种类组成

	采样点	硅藻门	蓝藻门	绿藻门	甲藻门	金藻门	隐藻门	裸藻门	合计
干流	罗解水电站上游	27	2	5	0	0	2	0	36
	牙挽水电站下游	26	7	5	0	0	2	0	40
	番阳镇上游	17	1	1	0	2	1	0	22
	大广坝库尾	19	2	9	0	0	3	1	34
	大广坝库区	9	2	9	2	1	1	0	24
	七叉镇	9	6	13	0	1	3	0	32
	叉河镇	17	4	6	2	0	1	1	31
	入海口	17	4	17	0	0	2	1	41
支流	五指山水库上游	20	3	4	0	0	0	0	27
	通什水	12	3	6	0	2	2	1	26
	保隆河	13	5	11	0	0	2	2	33
	南巴河	16	3	3	0	0	1	0	23
	南饶河	21	5	1	0	0	1	0	28
	石碌河	10	6	14	0	0	2	2	34

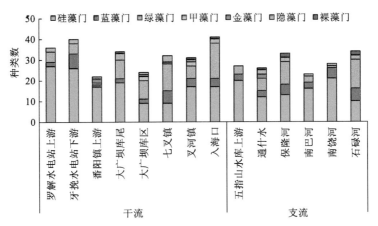

图 3.2.2 昌化江调查水域浮游植物种类组成及水平分布

2. 浮游植物现存量

根据镜检浮游植物的种类、数量和测算的大小，计算出各断面浮游植物的密度和生物量（见表 3.2.3，表 3.2.4）。

1）浮游植物密度

昌化江调查水域浮游植物平均密度为 14 665 492 cells/L。其中硅藻门占 53.57%，蓝藻门占 39.29%，绿藻门占 5.00%，甲藻门占 0.09%，金藻门占 0.23%，隐藻门占 1.73%，裸藻门占 0.09%。

昌化江调查水域干流浮游植物平均密度为 5 297 373 cells/L，支流浮游植物平均密度为 27 339 649 cells/L。可见，支流河段检出浮游植物密度高于干流。调查水域干流和支流河段浮游植物密度组成均以硅藻门为主，其次是蓝藻门、绿藻门，甲藻门、金藻门、隐藻门、裸藻门所占百分比较少。

浮游植物密度的水平分布，干流河段中各断面浮游植物密度以大广坝库区最高，番阳镇上游最低，其他静缓流断面高于流水断面；支流中石碌河浮游植物密度明显高于支流其他断面，五指山水库上游偏低（表 3.2.3）。

表 3.2.3 昌化江调查水域浮游植物密度组成 （单位：cells/L）

	采样点	硅藻门	蓝藻门	绿藻门	甲藻门	金藻门	隐藻门	裸藻门	合计
干流	罗解水电站上游	1 440 340	203	27 176	0	0	67 941	0	1 739 279
	牙挽水电站下游	964 756	1 032 696	95 117	0	0	67 941	0	2 160 510
	番阳镇上游	815 300	0	0	0	0	317 100	0	1 132 400
	大广坝库尾	5 469 200	1 528 700	611 500	0	0	815 300	34 000	8 458 700
	大广坝库区	8 560 500	407 600	1 698 500	135	475	407 600	0	11 685 700
	七叉镇	2 808 200	1 222 900	294 400	0	0	385 000	0	4 710 500
	叉河镇	6 386 400	4 031 100	452 900	45 300	0	181 200	22 600	11 119 500

续表

	采样点	硅藻门	蓝藻门	绿藻门	甲藻门	金藻门	隐藻门	裸藻门	合计
干流	入海口	529 936	529 936	285 350	0	0	20 382	6 794	1 372 398
支流	五指山水库上游	1 012 314	0	27 176	0	0	0	0	1 039 490
	通什水	1 041 800	45 300	45 300	0	0	158 500	22 600	1 313 500
	保隆河	985 138	13 520 170	2 191 083	0	0	50 955	33 970	16 781 316
	南巴河	3 702 800	951 200	305 700	0	0	67 900	0	5 027 600
	南饶河	2 276 008	13 588	0	0	0	6 794	0	2 296 390
	石碌河	74 598 700	57 613 600	4 280 300	0	0	1 019	67 900	137 579 600

2）浮游植物生物量

昌化江调查水域浮游植物平均生物量为 1.334 5 mg/L。其中硅藻门占 67.88%，蓝藻门占 5.96%，绿藻门占 8.22%，甲藻门占 1.94%，金藻门占 2.04%，隐藻门占 7.17%，裸藻门占 6.79%（表 3.2.4）。

昌化江调查水域干流浮游植物平均生物量为 1.255 0 mg/L，支流浮游植物平均生物量为 1.422 2 mg/L。可见，干流和支流检出浮游植物生物量组成差异不大。干流河段浮游植物生物量组成均以硅藻门为主，其次是隐藻门、绿藻门，其他门类所占比例较少；支流与干流相似，生物组成以硅藻门为主，其次是甲藻门、绿藻门、蓝藻门、隐藻门，其他门类未检出。

浮游植物生物量的水平分布，干流河段中各断面浮游植物生物量以大广坝库区明显高于干流其他断面，其他断面除叉河镇浮游植物生物量均在 1 mg/L 以下，其中入海口最低。支流中各断面浮游植物生物量以石碌河显著高于其他断面，南饶河上游最低（表 3.2.4）。

表 3.2.4　昌化江调查水域浮游植物生物量组成　（单位：mg/L）

	采样点	硅藻门	蓝藻门	绿藻门	甲藻门	金藻门	隐藻门	裸藻门	合计
干流	罗解水电站上游	0.793 5	0.002 4	0.005 4	0	0	0.044 8	0	0.846 1
	牙挽水电站下游	0.383 2	0.010 0	0.009 2	0	0	0.025 8	0	0.428 2
	番阳镇上游	0.190 2	0	0	0	0	0.031 7	0	0.221 9
	大广坝库尾	0.895 1	0.076 4	0.040 8	0	0	0.275 2	0.010 2	1.297 7
	大广坝库区	3.115 8	0.061 1	0.568 7	0.271 8	0.380 5	0.421 2		4.819 1
	七叉镇	0.539 7	0.077 7	0.058 9	0	0	0.167 6		0.843 9
	叉河镇	0.942 1	0.242 3	0.029 4	0.090 6	0	0.018 1	0.090 6	1.413 1
	入海口	0.120 9	0.005 2	0.020 4	0	0	0.021 1	0.002 0	0.169 6
支流	五指山水库上游	0.342 4	0	0.000 8	0	0	0	0	0.343 2
	通什水	0.369 1	0.009 1	0.002 3	0	0	0.058 9	0.090 6	0.530 0
	保隆河	0.143 5	0.152 3	0.173 2	0	0	0.037 4	0.056 1	0.562 5
	南巴河	0.825 5	0.190 2	0.040 8	0	0	0.006 8		1.063 3

	采样点	硅藻门	蓝藻门	绿藻门	甲藻门	金藻门	隐藻门	裸藻门	合计
支流	南饶河	0.072 4	0.000 7	0	0	0	0.000 7	0	0.073 8
	石碌河	3.948 4	0.286 4	0.475 6	0	0	0.231 0	1.019 1	5.960 5

3. 现状评价

昌化江浮游植物生物多样性采用香农-维纳生物多样性指数公式计算,调查水域各断面浮游植物香农-维纳生物多样性指数见表 3.2.5。调查水域浮游植物的香农-维纳生物多样性指数范围为 1.59～2.59,说明调查水域浮游植物种类较丰富。

昌化江调查水域共检出浮游植物 123 种,平均密度和平均生物量分别为 14 665 492 cells/L、1.334 5 mg/L。整体上,调查水域检出浮游植物种类、密度、生物量丰富,且组成结构复杂。

水平分布上看,昌化江干流河段中各断面浮游植物现存量以大广坝库区最高,入海口较低;支流中各断面浮游植物种类和现存量均以下游石碌河最高,五指山水库上游较低。

调查水域中干流和支流各断面检出的浮游植物种类和现存量组成均以硅藻门为主,支流浮游植物现存量比干流丰富。

表 3.2.5 昌化江调查水域浮游植物生物多样性

采样点		香农-维纳生物多样性指数
干流	罗解水电站上游	2.59
	牙挽水电站下游	2.27
	番阳镇上游	1.64
	大广坝库尾	2.13
	大广坝库区	2.39
	七叉镇	2.03
	叉河镇	1.59
	入海口	2.37
支流	五指山水库上游	2.31
	通什水	2.06
	保隆河	2.08
	南巴河	1.93
	南饶河	2.26
	石碌河	1.94

3.2.5 浮游动物

1. 浮游动物种类组成与分布

昌化江调查水域共鉴定出浮游动物 100 种，其中原生动物 31 种，占 31%；轮虫 45 种，占 45%；枝角类、桡足类各 12 种，分别占 12%。昌化江干流鉴定出浮游动物 81 种，干流大广坝库中浮游动物种类最丰富，水平分布上番阳镇上游至大广坝库呈递增趋势，昌化镇至叉河镇呈递减趋势，在入海口增加。昌化江支流浮游动物种类数量差异较大，保隆河检出 35 种，石碌河检出 20 种，通什水检出 15 种，五指山水库上游 9 种，南饶河 5 种，南巴河仅鉴定出 2 种原生动物（表 3.2.6）。

从图 3.2.3 可知，昌化江浮游动物种类组成以轮虫为主，其次是原生动物、桡足类，枝角类所占比例较少。常见种为球形砂壳虫（*Difflugia globulosa*）、旋回侠盗虫（*Strobilidium gyrans*）、前节晶囊轮虫（*Asplanchna priodonta*）、镰状臂尾轮虫（*Brachionus falcatus*）、广布多肢轮虫（*Polyarthra vulgaris*）、长额象鼻溞（*Bosmina longirostris*）、点滴尖额溞（*Alona guttata*）、无节幼体等。

表 3.2.6 昌化江调查水域浮游动物种类组成

	采样点	原生动物	轮虫	枝角类	桡足类	合计
干流	罗解水电站上游	9	10	1	3	23
	牙挽水电站下游	3	5	1	1	10
	番阳镇上游	1	3	3	3	10
	大广坝库尾	4	9	2	2	17
	大广坝库区	9	18	2	3	32
	七叉镇	3	12	3	2	20
	叉河镇	2	2	0	2	6
	入海口	7	12	4	5	28
支流	五指山水库上游	5	0	2	2	9
	通什水	5	6	2	2	15
	保隆河	8	13	9	5	35
	南巴河	2	0	0	0	2
	南饶河	2	2	0	1	5
	石碌河	6	7	2	5	20

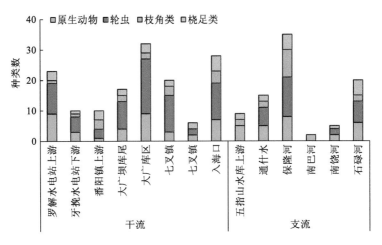

图 3.2.3 昌化江调查水域浮游动物种类组成及水平分布

2. 浮游动物现存量

1）浮游动物密度

昌化江调查水域浮游动物密度在 17.00～3 057.05 ind./L，平均密度 854.60 ind./L，其中原生动物占 69.93%，轮虫占 29.00%，枝角类占 0.46%，桡足类占 0.61%。

昌化江干流浮游动物密度在水平分布上罗解水电站上游至番阳镇上游逐渐递减，大广坝库尾至大广坝库区呈递增趋势，长江镇有所降低，叉河镇至入海口逐渐增加。支流浮游动物密度平均是 799.72 ind./L，支流保隆河因流速缓慢密度最高，南巴河定量样品仅检出原生动物，密度为 17.00 ind./L（表 3.2.7）。

表 3.2.7 昌化江调查水域浮游动物密度组成　　　　　　　　　（单位：ind./L）

采样点		原生动物	轮虫	枝角类	桡足类	合计
干流	罗解水电站上游	1 333	67	0	0.08	1 400.08
	牙挽水电站下游	1 000	67	0	0.03	1 067.03
	番阳镇上游	100	67	1.2	1.2	169.40
	大广坝库尾	467	300	2.8	2	771.80
	大广坝库区	1 200	1 700	43.2	38	2 981.20
	七叉镇	67	167	0.4	5.2	239.60
	叉河镇	100	33	0	0.8	133.80
	入海口	333	67	0.18	2.95	403.13
支流	五指山水库上游	333	67	0	0.03	400.03
	通什水	300	400	0	0.4	700.40
	保隆河	2 667	367	5.82	17.23	3 057.05

续表

	采样点	原生动物	轮虫	枝角类	桡足类	合计
支流	南巴河	17	0	0	0	17.00
	南饶河	333	67	0	0.03	400.03
	石碌河	117	100	2	4.8	223.80

2）浮游动物生物量

昌化江浮游动物生物量在 0.000 9～2.716 4 mg/L，平均生物量 0.341 0 mg/L，其中原生动物占 3.26%，轮虫占 74.88%，枝角类占 11.88%，桡足类占 9.98%。干流浮游动物平均生物量是 0.453 4 mg/L。干流浮游动物生物量在水平分布上无明显变化规律，大广坝库区最高，牙挽水电站下游最低。支流通什水浮游动物生物量最高，其次是保隆河，南巴河最少（表 3.2.8）。

昌化江浮游动物生物量组成中轮虫占比最大，其次是枝角类，原生动物生物量偏低。

表 3.2.8 昌化江调查水域浮游动物生物量组成 （单位：mg/L）

	采样点	原生动物	轮虫	枝角类	桡足类	合计
干流	罗解水电站上游	0.010 6	0.014 5	0	0.001 7	0.026 8
	牙挽水电站下游	0.004 5	0.014 5	0	0.000 1	0.019 1
	番阳镇上游	0.005 0	0.080 4	0.006 8	0.005 2	0.097 4
	大广坝库尾	0.023 4	0.360 0	0.028 0	0.009 2	0.420 6
	大广坝库区	0.060 0	2.040 0	0.432 0	0.184 4	2.716 4
	七叉镇	0.003 4	0.200 4	0.004 0	0.044 4	0.252 2
	叉河镇	0.005 0	0.039 6	0	0.008 8	0.053 4
	入海口	0.000 3	0.014 5	0.001 8	0.024 5	0.041 1
支流	五指山水库上游	0.000 3	0.014 5	0	0.000 1	0.014 9
	通什水	0.015 0	0.480 0	0	0.002 8	0.497 8
	保隆河	0.018 3	0.181 9	0.074 8	0.169 5	0.444 5
	南巴河	0.000 9	0	0	0	0.000 9
	南饶河	0.003 0	0.014 5	0	0.000 1	0.017 6
	石碌河	0.005 9	0.120 0	0.020 0	0.025 6	0.171 5

3. 现状评价

昌化江各断面浮游动物生物多样性指数见表 3.2.9。从各断面浮游动物的香农-维纳生物多样性指数看，大广坝库区断面浮游动物香农-维纳生物多样性指数最高，其次是七叉镇、大广坝库尾、罗解水电站上游，番阳镇上游和入海口浮游动物香农-维纳生物多样性指数较低。支流保隆河、通什河较高，其他支流多样性指数偏低。

表 3.2.9　昌化江调查水域浮游动物多样性

采样点		香农-维纳生物多样性指数	定量种类
干流	罗解水电站上游	2.23	8
	牙挽水电站下游	1.74	5
	番阳镇上游	1.23	5
	大广坝库尾	2.62	13
	大广坝库区	3.91	25
	七叉镇	2.93	10
	叉河镇	1.34	5
	入海口	1.50	5
支流	五指山水库上游	1.00	2
	通什水	2.07	6
	保隆河	2.29	15
	南巴河	0	1
	南饶河	1.00	2
	石碌河	1.64	11

昌化江浮游动物种类、生物量组成均以轮虫占优势，在水平分布上位于静缓流、透明度较高的大广坝库区浮游动物密度和生物量高于库尾和上游流水段及昌化江下游。支流保隆河处于静缓流状态，适宜浮游动物生存的营养盐含量较高，故现存量高，南巴河水流相对其他支流湍急，浮游动物较少。

3.2.6　底栖动物

1. 底栖动物种类组成与分布

昌化江调查水域底栖动物 26 种，环节动物、软体动物、节肢动物分别有 5 种、5 种和 16 种，分别占底栖动物种数的 19.23%、19.23%、61.54%，主要种类有四节蜉、直突摇蚊、多足摇蚊、突摇蚊、沼虾、短沟蜷、河蚬、霍甫水丝蚓、森珀头鳃虫等。

昌化江干流底栖动物 18 种，其中环节动物、软体动物、节肢动物分别有 5 种、4 种、9 种，主要种类有四节蜉、多足摇蚊、突摇蚊、短沟蜷、霍甫水丝蚓、森珀头鳃虫等。干流大广坝库区河段底栖动物 8 种，主要种类为摇蚊、环节动物；向阳河段底栖动物 5 种，优势种有突摇蚊、短沟蜷、河蚬等；戈枕库尾河段底栖动物 5 种，主要种类以摇蚊为主；昌化江下游河段底栖动物 3 种，为水蝇、隐摇蚊、多足摇蚊。

昌化江支流底栖动物 14 种，节肢动物、软体动物分别有 11 种、3 种，主要种类有四节蜉、扁蜉、二叉摇蚊、沼虾、短沟蜷、河蚬等。支流石碌坝下、石碌库尾河段底栖动物 6 种，以蜉蝣目及摇蚊科生物为主；通什水底栖动物 3 种，种类为多距石蛾、短沟蜷、河蚬；乐中水底栖动物有 5 种，种类为多足摇蚊、溪蟹、沼虾、多棱角、短沟蜷；南巴河底栖动物 4 种，种类为四节蜉、划蝽、直突摇蚊、河蚬。

2. 底栖动物现存量

昌化江调查水域底栖动物平均密度 77 ind./m^2，平均生物量 8.696 g/m^2。干流底栖动物平均密度 130 ind./m^2，平均生物量 13.60 g/m^2；支流底栖动物平均密度 23 ind./m^2，平均生物量 3.79 g/m^2（表 3.2.10）。

昌化江干流大广坝库尾和库中河段底栖动物现存量较高，底栖动物密度、生物量分别为 117 ind./m^2、1.17 g/m^2，库中底栖动物密度高于库尾，但生物量低于库尾；向阳河段软体动物数量较多，现存量较高，底栖动物密度、生物量分别为 146 ind./m^2、64.99 g/m^2；戈枕库尾河段底栖动物密度、生物量分别为 163 ind./m^2、0.62 g/m^2，昌化江下游河段底栖动物密度、生物量分别为 107 ind./m^2、0.06 g/m^2。

昌化江支流石碌库尾河段底栖动物密度、生物量分别为 47 ind./m^2、0.05 g/m^2，石碌坝下河段底栖动物密度、生物量分别为 10 ind./m^2、1.02 g/m^2；乐中水底栖动物密度、生物量分别为 20 ind./m^2、16.29 g/m^2，南巴河水底栖动物密度、生物量分别为 26 ind./m^2、0.10 g/m^2，通什水底栖动物密度、生物量分别为 13 ind./m^2、1.50 g/m^2。

表 3.2.10　昌化江调查水域底栖动物现存量

采样点		密度/（ind./m^2）				生物量/（g/m^2）			
		环节动物	软体动物	节肢动物	合计	环节动物	软体动物	节肢动物	合计
干流	向阳	3	133	10	146		64.99		64.99
	大广坝库尾	13	7	20	40	0.01	2.08		2.09
	大广坝库中	163		30	193	0.22		0.02	0.24
	戈枕库尾	3	3	157	163		0.57	0.05	0.62
	昌化江下游			107	107			0.06	0.06
支流	南巴河		3	23	26		0.09	0.01	0.1
	乐中水		7	13	20		9.65	6.64	16.29
	通什水	10		3	13		1.46	0.04	1.5
	石碌库尾		47		47			0.05	0.05
	石碌坝下		10		10			1.02	1.02

3. 现状评价

昌化江调查区域底栖动物 26 种，环节动物、软体物、动节肢动物分别为 5 种、5 种和 16 种，主要种类有四节蜉、直突摇蚊、多足摇蚊、突摇蚊、沼虾、短沟蜷、河蚬、霍甫水丝蚓、森珀头鳃虫，底栖动物平均密度、平均生物量分别为 77 ind./m²、8.696 g/m²。底栖动物香农-维纳多样性指数平均为 1.00，Margalef 丰富度指数平均为 1.40。其中大广坝库尾和乐中水多样性指数较高，戈枕库尾和昌化江下游多样性指数较低（表 3.2.11）。

昌化江干流底栖动物 18 种，环节动物、软体动物、节肢动物分别有 5 种、4 和 9 种，主要种类有四节蜉、多足摇蚊、突摇蚊、短沟蜷、霍甫水丝蚓、森珀头鳃虫等，底栖动物平均密度、平均生物量分别为 130 ind./m²、13.60 g/m²。干流大广坝库区底栖动物 8 种，主要种类为蜉蝣目及摇蚊科，底栖动物平均密度、平均生物量分别为 117 ind./m²、1.17 g/m²。向阳坝址河段软体动物有一定数量分布，现存量高于干流其他河段；戈枕水库库尾河段、昌化江下游河段底栖动物种类分布较少，以摇蚊科生物为主。

昌化江支流底栖动物 14 种，软体动物、节肢动物分别有 11 种、3 种，主要种类有四节蜉、扁蜉、二叉摇蚊、沼虾、短沟蜷、河蚬等，底栖动物密度、生物量分别为 23 ind./m²、3.79 g/m²。支流石碌河石碌库尾、坝下河段底栖动物现存量较低，主要种类由蜉蝣目和摇蚊科生物构成；南巴河底栖动物 4 种，种类以蜉蝣目及摇蚊科生物为主；乐中水底栖动物软体动物种类较多，现存量较高。

总体来看，昌化江干流底栖动物种类、密度及生物量均高于干流。

表 3.2.11　昌化江调查水域底栖动物多样性

采样断面	香农-维纳多样性指数	Margalef 丰富度指数
向阳	0.913	1.057
大广坝库尾	1.705	2.012
大广坝库中	1.034	1.231
戈枕库尾	0.396	1.028
昌化江下游	0.277	0.577
通什水	1.040	1.443
乐中水	1.561	2.232
南巴河	1.255	1.443
石碌库尾	0.755	1.137
石碌坝下	1.099	1.820

3.3　万　泉　河

3.3.1　采样点设置

2017 年和 2018 年对万泉河进行调查。2017 年万泉河干流调查断面 4 个：牛路岭库尾、牛路岭坝下、定安河汇口下、嘉积坝下；支流调查断面 4 个：咬饭河、定安河、加浪河、塔洋河。2018 年万泉河干流调查断面 5 个：牛路岭库尾、牛路岭库中、牛路岭坝下（烟源电站下游）、定安河汇口下（长力村）、嘉积坝下。

3.3.2 各采样点地理位置

2017～2018 年，万泉河各采样点水域、名称、时间及经纬度、海拔、水温等信息见表 3.3.1。

表 3.3.1 万泉河各采样点信息

序号	采样点名称	采样时间	经度	纬度	海拔/m	水温/℃
1	牛路岭库尾	2017-06-13 9:00	110°1′13.33″	18°53′56.85″	115	27.3
		2018-06-10 16:04				28.8
	牛路岭库中	2018-06-12 9:30	110°7′6″	18°55′50″	103	31.4
2	牛路岭坝下	2017-06-14 9:46	110°15′14.01″	19°4′36.90″	24	26.5
		2018-06-01 10:17				24.7
3	定安河汇口下	2017-06-14 11:43	110°16′57.29″	19°9′5.68″	20	28.5
		2018-05-31 11:07				25.7
4	嘉积坝下	2017-06-14 17:54	110°28′53.16″	19°11′8.82″	2	32.6
		2018-06-03 14:30				29.5
5	咬饭河	2017-06-13 9:50	109°57′47.88″	18°53′50.73″	126	28.0
6	定安河	2017-06-14 10:42	110°11′31.80″	19°8′17.38″	28	29.2
7	加浪河	2017-06-14 16:23	110°26′47.71″	19°16′14.88″	9	32.5
8	塔洋河	2017-06-14 17:23	110°29′24.80″	19°11′48.28″	6	33.0

3.3.3 各采样点生境概况

（1）牛路岭库尾：采样点河面较宽，水流较浅，河道内散布有灌丛，底质以岩石、砾石为主。水流流速较大，约 1～1.5 m/s［图 3.3.1（a）］。

（2）牛路岭库中：采样点位于加苗村码头，水色墨绿色，底质为淤泥、沙、碎石，消落区约 3 m，两岸坡度约 45°，库周植被茂密［图 3.3.1（b）］。

（3）牛路岭坝下：本次采样时间段由于上游牛路岭未发电，上游来水很小，采样点水流呈静缓流状态。左岸万泉河漂流基地，水色呈浅绿色，右岸植被茂密，上游烟源电站（距牛路岭坝址约 6 km，靠牛路岭水电站坝下泄水发电），底质为泥沙、岩石［图 3.3.1（c）］。

（4）定安河汇口下：采样点位于长力村，河面宽约 60 m，两岸植被茂密，左岸村庄、农田较多，右岸以林地为主，水质清澈，水流流速约 0.6 m/s，底质为砾石、细砂［图 3.3.1（d）］。

（5）嘉积坝下：采样点位于右岸，水面漂浮水葫芦，岸边灌木茂密，农田；左岸停泊采砂船、渔船。底质为泥沙，水流流速 0.4 m/s[图 3.3.1（e）]。

（6）咬饭河：采样点位于下游某小型电站以下，水流湍急，约 1.5 m/s，河道较窄，宽约 8 m，底质为砾石[图 3.3.1（f）]。

（7）定安河：采样断面两岸植被十分茂密，人烟稀少，河面宽约 20 m，河道顺直，流速约 0.3 m/s，底质为淤泥、细砂[图 3.3.1（g）]。

（a）牛路岭库尾

（b）牛路岭库中

（c）牛路岭坝下

（d）定安河汇口下

（e）嘉积坝下

（f）咬饭河

（g）定安河　　　　　　　　　　　　　（h）加浪河

（i）塔洋河

图3.3.1　水生生态调查断面生境图

（8）加浪河：采样断面两岸以农田、村庄为主，下游于琼海市汇入万泉河，左岸有硬护岸，河流宽约 15 m，微流水或静水，底质为淤泥［图 3.3.1（h）］。

（9）塔洋河：采样断面两岸植被良好，河面宽约 15 m，流速 0.6 m/s，底质为淤泥、细砂［图 3.3.1（i）］。

3.3.4　浮游植物

1. 浮游植物种类组成与分布

万泉河两次调查共检出浮游植物 7 门 112 种，其中硅藻门 46 种；占检出种类的 41.07%；蓝藻门 14 种，占检出种类的 12.50%；绿藻门 41 种，占检出种类的 36.61%；甲藻门 4 种，占检出种类的 3.57%；金藻门、隐藻门各 2 种，均占检出种类的 1.79%；裸藻门 3 种，占检出种类的 2.68%（图 3.3.2、表 3.3.2）。

万泉河干流 2017 年、2018 年共检出浮游植物 102 种。其中硅藻门 41 种、占干流检出种类的 40.20%；绿藻门 38 种、占 37.25%；蓝藻门 13 种、占 12.75%；甲藻门、裸藻门各 3 种，均占 2.94%；金藻门、隐藻门各 2 种，均占 1.96%。干流浮游植物种类在水平分布由高到低是：嘉积坝下>定安河汇口下>牛路岭库尾，牛路岭库中 29 种。2017 年、2018 年浮游动物种类均为 74 种，在时间分布上较为一致。

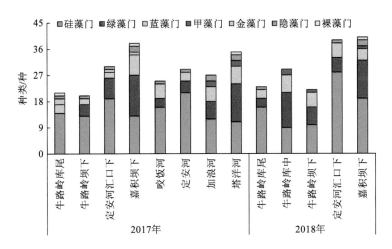

图 3.3.2　万泉河调查水域浮游植物种类组成及水平分布

表 3.3.2　万泉河调查水域浮游植物种类组成

采样点	2017 年								2018 年				
	牛路岭库尾	牛路岭坝下	定安河汇口下	嘉积坝下	咬饭河	定安河	加浪河	塔洋河	牛路岭库尾	牛路岭库中	牛路岭坝下	定安河汇口下	嘉积坝下
硅藻门	14	13	19	13	16	21	12	11	16	9	10	28	19
绿藻门	0	4	7	14	3	4	6	13	3	12	6	5	13
蓝藻门	3	2	2	7	5	3	5	6	3	6	5	5	4
甲藻门	0	0	0	0	0	0	2	2	0	2	1	0	1
金藻门	2	0	1	1	0	0	0	0	0	0	0	0	0
隐藻门	1	1	1	2	1	1	2	2	1	0	0	1	2
裸藻门	1	0	0	1	0	0	0	1	0	0	0	0	1
合计	21	20	30	38	25	29	27	35	23	29	22	39	40

万泉河支流咬饭河检出浮游植物 4 门 25 种，其中硅藻门 16 种，绿藻门 3 种，蓝藻门 5 种，隐藻门 1 种。定安河检出浮游植物 4 门 29 种，其中硅藻门 21 种，绿藻门 4 种，蓝藻门 3 种，隐藻门 1 种。加浪河检出浮游植物 5 门 27 种，硅藻门 12 种，蓝藻门 5 种，绿藻门 6 种，甲藻门、隐藻门各 2 种。塔洋河共检出 6 门 35 种，其中硅藻门 11 种，绿藻门 13 种，蓝藻门 6 种，甲藻门、隐藻门各 2 种，裸藻门 1 种。

万泉河调查水域干流检出浮游植物种类高于支流浮游植物种类。干、支流浮游植物种类组成均以硅藻门为主，其次为绿藻门。调查水域浮游植物优势种主要是硅藻门中的针杆藻、桥弯藻、脆杆藻、等片藻等。

2. 浮游植物现存量

根据镜检浮游植物的种类、数量和测算的大小，计算出各断面浮游植物的密度和生物量。

1）浮游植物密度

万泉河流域浮游植物平均密度为 35.227 6×10^6 cells/L。其中硅藻门占 54.58%，蓝藻门占 32.36%，绿藻门占 9.98%，甲藻门占 0.05%，隐藻门占 3.02%，裸藻门占 0.01%（图 3.3.3、表 3.3.3）。

2017 年浮游植物平均密度为 48.524 4×10^6 cells/L。其中硅藻门占 62.47%，蓝藻门占 23.24%，绿藻门占 11.09%，甲藻门占 0.06%，隐藻门占 3.13%，裸藻门占 0.01%。干流浮游植物平均密度是 48.726 1×10^6 cells/L，在水平分布上嘉积坝下浮游植物密度最高是 186.972 4×10^6 cells/L，其次是定安河汇口下，为 4.721 9×10^6 cells/L，牛路岭库尾 2.038 2×10^6 cells/L，牛路岭坝下偏低 1.172×10^6 cells/L。支流浮游植物平均密度是 48.322 7×10^6 cells/L，塔洋河浮游植物平均密度最高 170.938 4×10^6 cells/L，随后依次是加浪河 16.441 6×10^6 cells/L、定安河 3.736 7×10^6 cells/L、咬饭河 2.174 1×10^6 cells/L。

2018 年万泉河浮游植物平均密度为 13.948 7×10^6 cells/L。在水平分布上牛路岭库中浮游植物密度最高，为 50.842 2×10^6 cells/L，其次是牛路岭库尾，浮游植物密度为 10.544 4×10^6 cells/L，嘉积坝下浮游植物密度是 3.994 9×10^6 cells/L，牛路岭坝下浮游植物密度为 3.234 0×10^6 cells/L，定安河汇口下偏少，浮游植物密度为 1.127 8×10^6 cells/L。

在时间分布上 2017 年浮游植物密度高于 2018 年。

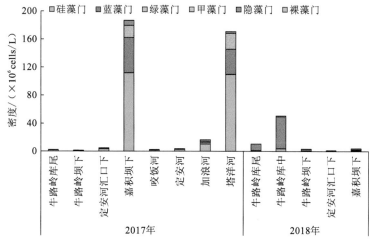

图 3.3.3 万泉河调查水域浮游植物密度时空分布

表 3.3.3　万泉河监测水域浮游植物密度组成　　（单位：×10⁶ cells/L）

	断面	硅藻门	蓝藻门	绿藻门	甲藻门	隐藻门	裸藻门	合计
2017年	牛路岭库尾	1.698 5	0	0	0	0.305 7	0.034 0	2.038 2
	牛路岭坝下	0.883 2	0	0.169 9	0	0.118 9	0	1.172 0
	定安河汇口下	3.566 9	0.407 6	0.679 4	0.034 0	0.034 0	0	4.721 9
	嘉积坝下	112.101 9	50.276 0	17.256 9	0	7.337 6	0	186.972 4
	咬饭河	1.517 3	0.452 9	0.181 2	0	0.022 6	0	2.174 1
	定安河	2.627 0	0.543 5	0.430 3	0	0.135 9	0	3.736 7
	加浪河	10.327 0	2.513 8	1.494 7	0.067 9	2.038 2	0	16.441 6
	塔洋河	109.791 9	36.008 5	22.828 0	0.135 9	2.174 1	0	170.938 4
2018年	牛路岭库尾	1.087 0	9.185 6	0.081 5	0	0.190 2	0	10.544 4
	牛路岭库中	3.850 0	45.633 4	1.358 8	0	0	0	50.842 2
	牛路岭坝下	0.924 0	2.214 9	0.081 5	0.013 6	0	0	3.234 0
	定安河汇口下	0.760 9	0.339 7	0.013 6	0	0.013 6	0	1.127 8
	嘉积坝下	0.788 1	0.597 9	1.141 4	0	1.440 3	0.027 2	3.994 9

2）浮游植物生物量

万泉河调查水域浮游植物平均生物量为 6.182 0 mg/L。其中硅藻门占 67.30%，蓝藻门占 5.85%，绿藻门占 14.21%，甲藻门占 1.17%，隐藻门占 11.20%，裸藻门占 0.27%。干流浮游植物平均生物量为 5.538 9 mg/L，支流浮游植物平均生物量为 6.825 0 mg/L（表 3.3.4、图 3.3.4）。

表 3.3.4　万泉河监测水域浮游植物生物量组成　　（单位：mg/L）

	断面	硅藻门	蓝藻门	绿藻门	甲藻门	隐藻门	裸藻门	合计
干流	牛路岭库尾	0.550 3	0	0	0	0.030 6	0.135 9	0.716 8
	牛路岭坝下	0.106 2	0	0.011 0	0	0.011 9	0	0.129 1
	定安河汇口下	1.470 9	0.030 6	0.305 7	0.169 9	0.067 9	0	2.045
	嘉积坝下	12.628 5	0.759 3	2.561 4	0	3.315 5	0	19.264 7
支流	咬饭河	0.212 9	0.022 6	0.009 1	0	0.002 3	0	0.246 9
	定安河	0.553 7	0.040 8	0.084 9	0	0.013 6	0	0.693 0
	加浪河	2.537 6	0.349 9	0.197 0	0.135 9	1.107 4	0	4.327 8
	塔洋河	15.221 7	1.687 9	3.859 0	0.271 8	0.991 9	0	22.032 3

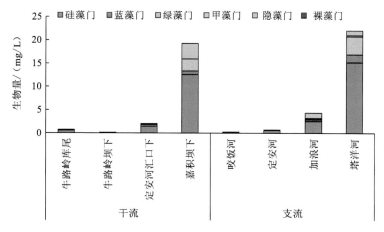

图 3.3.4 万泉河调查水域浮游植物生物量水平分布

3. 现状评价

万泉河调查水域各断面浮游植物香农-维纳生物多样性指数见表 3.3.5。从浮游植物的香农-维纳生物多样性指数看，各断面浮游植物种类较少，且各种类数量相对均匀，且多样性指数随河流方向逐渐递增。

表 3.3.5 万泉河监测水域浮游植物多样性及物种数

	断面	种类数	香农-维纳生物多样性指数
干流	牛路岭库尾	19	1.90
	牛路岭坝下	20	1.95
	定安河汇口下	29	2.25
	嘉积坝下	37	1.87
支流	咬饭河	25	1.96
	定安河	29	2.24
	加浪河	26	2.32
	塔洋河	34	2.25
	平均值	27	2.09

2017 年、2018 年万泉河种类数量相似。在水平分布上 2017 年万泉河干流牛路岭库尾至嘉积坝下（除牛路岭坝下外）随水流方向浮游植物种类、密度和生物量逐渐递增，嘉积坝下流速缓慢，流经城市周边，汇入水体营养盐较多，浮游植物密度和生物量最高。2018 年牛路岭库中浮游植物种类、密度和生物量最高，主要因为牛路岭库中采样点位于码头船只往来密集、人类干扰较大，汇入水体的营养盐较多，浮游植物密度和生物量最高。

3.3.5 浮游动物

1. 2017 年调查

1）浮游动物种类组成与分布

万泉河共鉴定出浮游动物 30 属 36 种，其中原生动物 11 种，占总种类数的 30.56%；轮虫 12 种，占 33.33%；枝角类 7 种，占 19.44%；桡足类 6 种，占 16.67%。万泉河干流共检出浮游动物 22 种，原生动物 8 种，轮虫和枝角类各 5 种，桡足类 4 种。万泉河干流嘉积坝下浮游动物种类数最多，为 16 种，牛路岭库尾至定安河汇口下浮游动物种类逐渐递减。支流咬饭河浮游动物 9 种，加浪河 18 种，塔洋河 10 种，定安河仅原生动物检出 2 种（图 3.3.5）。

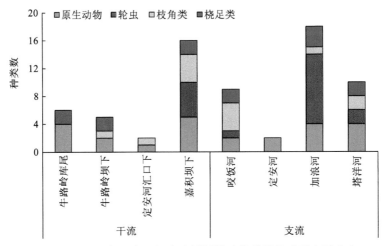

图 3.3.5 2017 年万泉河调查水域浮游动物种类组成及水平分布

万泉河检出浮游动物种类较少，种类组成中轮虫略占优势，常见种为球形砂壳虫（*Difflugia globulosa*）、针棘匣壳虫（*Centropyxis aculeata*）、暗小异尾轮虫（*Trichocerca pusilla*）、长肢秀体溞（*Diaphanosoma leuchtenbergianum*）、长额象鼻溞（*Bosmina longirostris*）等。

2）浮游动物现存量

2017 年万泉河浮游动物密度范围为 0～2 838.0 ind./L，平均密度为 640.1 ind./L，其中原生动物占 34.18%，轮虫占 65.73%，枝角类占 0.02%，桡足类占 0.07%。万泉河干流浮游动物平均密度是 329.2 ind./L。在水平分布中，嘉积坝下浮游动物密度最高，为 1 166.4 ind./L，其次是牛路岭库尾 133.4 ind./L，定安河汇口下仅检出 17.0 ind./L，牛路岭坝下在定量样品中未检出浮游动物。支流加浪河浮游动物密度最高，为 2 838.0 ind./L，随后依次是塔洋河为 700.0 ind./L，咬饭河为 233.0 ind./L，定安河为 33.0 ind./L（图 3.3.6）。

2017 年万泉河浮游动物生物量在 0～2.978 8 mg/L，平均生物量为 0.520 1 mg/L。其中原生动物占 2.10%，轮虫占 97.08%，枝角类占 0.29%，桡足类占 0.53%。干流浮游动物平均生物量是 0.200 4 mg/L。干流浮游动物在水平分布上的变化趋势与密度相似，即嘉积坝下最高，随后依次是牛路岭库尾、定安河汇口下，牛路岭坝下未检出浮游动物。支流加浪河生物量最高为 3.004 8 mg/L，随后依次是塔洋河为 0.303 0 mg/L，咬饭河为 0.049 6 mg/L，定安河生物量最少为 0.001 7 mg/L（图 3.3.6）。

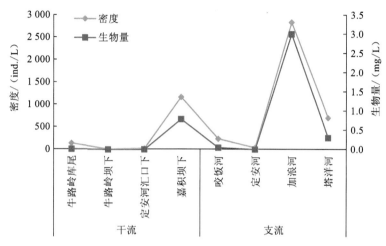

图 3.3.6 2017 年万泉河调查水域浮游动物密度和生物量水平分布

万泉河浮游动物密度、生物量组成中轮虫占比最大，主要种类有旋回侠盗虫（*Strobilidium gyrans*）、广布多肢轮虫（*Polyarthra vulgaris*）、英勇剑水蚤，等。

3）现状评价

浮游动物生物多样性采用香农-维纳多样性指数公式计算，从表 3.3.6 可知，万泉河干流浮游动物群落结构较为单一，干流下游嘉积坝下种类相对丰富。万泉河下游支流加浪河、塔洋河浮游动物种类丰富度比上游支流咬饭河、定安河高。

表 3.3.6 万泉河监测水域浮游动物多样性及物种数

项目	干流				支流			
	牛路岭库尾	牛路岭坝下	定安河汇口下	嘉积坝下	咬饭河	定安河	加浪河	塔洋河
定量种类数	2	0	1	10	2	1	15	4
香农-维纳多样性指数	0.03	0	0	2.59	0.59	0	2.87	1.57

2017 年万泉河浮游动物种类、密度和生物量偏低，嘉积坝下两岸周边居民较多，汇入水体营养增加，浮游动物密度和生物量最高，牛路岭坝下由于水流湍急，浮游动物有随波逐流习性故未检出。支流加浪河两岸的居民较多，水体流速缓慢，汇入水体营养较丰富，故检出浮游动物密度和现存量最高，其他支流受水流速度、营养盐来源的限制，本次调查未能检出枝角类和桡足类，原生动物、轮虫数量也较少。

2. 2018 年调查

2018 年万泉河调查水域共检出浮游动物 63 种,其中原生动物占 23.81%,轮虫占 44.45%,枝角类、桡足类各占 15.87%。在水平分布上牛路岭库中浮游动物种类数最多,其次是嘉积坝下,再依次是牛路岭库尾、定安河汇口下,牛路岭坝下偏少。

2018 年万泉河浮游动物平均密度是 1 804.87 ind./L,其中原生动物占 73.86%,轮虫占 22.88%,枝角类占 1.98%,桡足类占 1.28%。在水平分布上牛路岭库中浮游动物密度最高,其次是牛路岭坝下和定安河汇口下,再次是牛路岭库尾,嘉积坝下最少。

2018 年万泉河浮游动物平均生物量是 3.648 0 mg/L,其中原生动物占 0.55%,轮虫占 3.01%,枝角类占 55.77%,桡足类占 40.67%。生物量在水平分布上牛路岭库中最高,从牛路岭坝下至嘉积坝下逐渐递增,牛路岭库尾最少。

2018 年万泉河浮游动物多样性采用香农-维纳多样性指数公式计算。牛路岭库中多样性指数最高,为 3.87,物种丰富,群落结构复杂;其他采样点多样性指数在 1.10~1.93,物种组成相对简单(表 3.3.7)。

2018 年牛路岭库中浮游动物种类、密度、生物量及多样性指数均最高,主要是因为牛路岭库中水域来往船只密集,两岸居民活动频繁,汇入水体营养盐增加有利于浮游动物生长繁殖。嘉积坝下检出大个体浮游动物数量较多,浮游动物生物量有所升高。

表 3.3.7 2018 年万泉河监测水域浮游动物群落特征

项目	采样点				
	牛路岭库尾	牛路岭库中	牛路岭坝下	定安河汇口下	嘉积坝下
种类	19	41	7	10	31
密度/(ind./L)	1 033.25	3 325.50	2 000.95	2 000.05	667.60
生物量/(mg/L)	0.033 4	17.942 7	0.067 9	0.072 7	0.123 4
香农-维纳多样性指数	1.10	3.87	1.05	1.25	1.93

3.3.6 底栖动物

1. 2017 年调查

1)底栖动物种类组成与分布

2017 年万泉河调查水域底栖动物种类 26 种,软体动物、节肢动物分别为 7 种和 19 种,分别占底栖动物种类数的 26.92%、73.08%,主要种类包括扁蜉、原石蛾、划蝽、摇蚊、多足摇蚊、流水长跗摇蚊、沼虾、短沟蜷、光滑狭口螺、河蚬等。

万泉河干流底栖动物 22 种,软体动物、节肢动物分别为 4 种和 18 种,主要种类有扁蜉、纹石蛾、多足摇蚊、河蚬等。干流牛路岭水库库尾和坝下河段底栖动物种类共 13

种，主要种类有四节蜉、扁蜉、小蜉、多足摇蚊、沼虾等；定安河汇口下河段底栖动物种类 5 种，主要种类有扁蜉、纹石蛾等；嘉积坝下河段底栖动物 4 种，主要种类为摇蚊科生物。

万泉河支流底栖动物 15 种，软体动物、节肢动物分别有 6 种和 9 种，主要种类有划蝽、沼虾、短沟蜷、河蚬等。咬饭河底栖动物 5 种，主要种类有扁蜉、纹石蛾、淡水壳菜等；安定河、家浪河底栖动物种类结构相似，底栖动物共 6 种，主要为软体动物；塔洋河底栖动物种类 6 种，主要种类有丝螅、划蝽、沼虾、米虾等。

2）底栖动物现存量

2017 年万泉河调查水域底栖动物平均密度 77 ind./m²，平均生物量 7.83 g/m²。干流底栖动物平均密度 60 ind./m²，平均生物量 0.73 g/m²；支流底栖动物平均密度 94 ind./m²，平均生物量 14.94 g/m²（表 3.3.8）。

万泉河干流牛路岭库尾和坝下河段底栖动物密度、生物量均值分别为 45 ind./m²，1.27 g/m²；安定河汇口下底栖动物现存量较高，底栖动物密度、生物量分别为 93 ind./m²、0.37 g/m²；嘉积坝下底栖动物密度、生物量分别为 57 ind./m²、0.03 g/m²。

万泉河支流咬饭河底栖动物密度、生物量分别为 20 ind./m²、0.04 g/m²，底栖动物现存量较低；定安河、加浪河底栖动物种类结构基本相似，底栖动物密度、生物量均值分别为 52 ind./m²、29.38 g/m²；塔洋河底栖动物密度、生物量分别为 253 ind./m²、0.95 g/m²。

总体来看，干流底栖动物密度、生物量均低于支流。

表 3.3.8 万泉河监测水域底栖动物现存量

采样点		密度/（ind./m²）			生物量/（g/m²）		
		软体动物	节肢动物	合计	软体动物	节肢动物	合计
干流	牛路岭库尾	0	37	37	0.00	2.27	2.27
	牛路岭坝下	10	43	53	0.20	0.06	0.26
	定安河汇口下	3	90	93	0.03	0.33	0.37
	嘉积坝下	0	57	57	0.00	0.03	0.03
支流	咬饭河	7	13	20	0.03	0.01	0.04
	定安河	43	3	47	3.33	11.44	14.77
	加浪河	57	0	57	43.98	0.00	43.98
	塔洋河	0	253	253	0.00	0.95	0.95

3）现状评价

2017 年万泉河调查水域底栖动物种类 26 种，软体动物、节肢动物分别有 7 种、19 种，种类主要有扁蜉、原石蛾、划蝽、摇蚊、多足摇蚊、流水长跗摇蚊、沼虾、短沟蜷、光滑狭口螺、河蚬等。底栖动物平均密度 77 ind./m²，平均生物量 7.83 g/m²。底栖动物香农-维纳多样性指数平均为 1.01，Margalef 丰富度指数平均为 1.45。其中牛路岭坝下和饭咬河多样性指数较高，牛路岭库尾和塔洋河多样性指数较低（表 3.3.9）。

万泉河干流底栖动物 22 种，软体动物、节肢动物分别为 4 种和 18 种，主要种类有扁蜉、纹石蛾、多足摇蚊、河蚬等，底栖动物平均密度 60 ind./m²，平均生物量 0.73 g/m²。干流牛路岭库尾和坝下河段底栖动物以蜉蝣目、摇蚊科、虾科生物为主，底栖动物平均密度、生物量分别为 45 ind./m²、1.27 g/m²；安定河汇口下、嘉积坝下河段底栖动物种类分布较多，种类以蜉蝣目及摇蚊为主，底栖动物平均密度、平均生物量分别为 75 ind./m²、0.20 g/m²。

万泉河支流底栖动物 15 种，软体动物、节肢动物分别有 6 种和 9 种，主要种类有划蝽、沼虾、短沟蜷、河蚬等，底栖动物平均密度 94 ind./m²，平均生物量 14.94 g/m²。咬饭河底栖动物现存量较低，底栖动物以蜉蝣目及毛翅目为主；安定河、加浪河底栖动物种类结构相似，底栖动物以软体动物为主；塔洋河节肢动物数量较多，底栖动物以摇蚊科及虾科生物为主。

表 3.3.9 万泉河监测水域底栖动物多样性指数

采样点	香农-维纳多样性指数	Margalef 丰富度指数
石碌库尾	0.755	1.137
石碌坝下	1.099	1.820
牛路岭库尾	0.305	0.417
牛路岭坝下	2.307	3.607
定安河汇口下	0.851	1.200
嘉积坝下	1.038	1.059
咬饭河	1.561	2.232
定安河	0.755	1.137
加浪河	0.753	0.706
塔洋河	0.676	1.155

2. 2018 年调查

2018 年万泉河底栖动物 18 种，主要种类有似宽基蜉、纹石蛾、色带短沟蜷、沼虾等，其中牛路岭库尾、安定河汇口下河段底栖动物种类较多，以蜉蝣目及软体动物为主。

万泉河底栖动物现存量较高，底栖动物平均密度、平均生物量分别为 38.1 ind./m²、7.179 g/m²。牛路岭库尾底栖动物密度最高，定安河汇口下生物量最高。2018 年牛路岭坝下受上游水库调控原因未采集到底栖动物，嘉积坝下因采样前下过暴雨水位上涨，未采集到底栖动物（表 3.3.10）。

表 3.3.10　万泉河监测水域底栖动物群落特征

项目	采样点					
	牛路岭库尾	牛路岭库中	牛路岭坝下	定安河汇口下	嘉积坝下	平均
种类	8	4	0	8	0	18（合计）
密度/（ind./m²）	136.0	4.5	0	50.0	0	38.1
生物量/（mg/m²）	10.096	0.243	0	25.557	0	7.179 2
香农-维纳多样性指数	1.615	1.273	0	1.917	0	0.961

3. 综合性评价

万泉河 2017 年底栖动物种类、密度高于 2018 年，2017 年、2018 年香农-维纳多样性指数均在 2.0 以下，底栖动物香农-维纳生物多样性指数整体偏低，其中 2018 年万泉河定安河汇口下河段底栖动物密度、生物量和香农-维纳生物多样性指数均高于调查水域其他水域。

3.4　陵　水　河

3.4.1　采样点设置

2017 年 6 月对陵水河进行了饵料生物资源调查，其中干流采样包括什玲、保亭水汇口下、陵水 3 个断面，支流断面有保亭水。

3.4.2　各采样点地理位置

陵水河各采样点水域、名称及经纬度、海拔、水温等信息见表 3.4.1。

表 3.4.1　万泉河各采样点信息

序号	采样时间	采样点名称	经度	纬度	海拔/m	水温/℃
1	2017/06/04 9:13	什玲	109°45′31.27″	18°40′41.54″	68	26.2
2	2017/06/04 11:12	保亭水汇口下	109°47′32.71″	18°36′34.52″	29	31.6
3	2017/06/03 17:30	陵水	110°01′21.96″	18°31′53.91″	5	32.5
4	2017/06/04 10:25	保亭水	109°47′16.47″	18°36′45.97″	35	32.4

3.4.3 各采样点生境概况

陵水河中下游地区为成片的沉积平原，包括陵水、保亭热带经济作物生态功能区，下游河道河漫滩发育，分布洲滩湿地，河口发育拦门沙洲并分布有红树林。

陵水河干流目前仅建有梯村坝，距河口约 30 km，处于河流中段，对河流连通性影响较大。河流上游及上游主要支流保亭水均未进行梯级开发，基本维持自然河流状态，为流水性鱼类提供了较好的生存环境，南方白甲鱼等鱼类资源较丰富。陵水河下游陵水县城附近河流开阔，河势平坦，水流缓慢，河口鱼类资源丰富。

（1）什玲：采样点位于什玲镇、保亭坝址附近，两岸山势较高，河面宽约 15 m，河流蜿蜒曲折，采样点上游为一小型深潭，采样点处河面收窄，流速较大，约 1.5 m/s，水质清澈见底，底质为巨石、砾石[图 3.4.1（a）]。

（a）什玲

（c）陵水

（b）保亭水汇口下

（d）保亭水

图 3.4.1　水生生态调查断面生境图

（2）保亭水汇口下：采样点位于保亭水汇口下约 100 m，河面变宽，约 50 m，流速约 0.2 m/s，底质以淤泥、细砂为主[图 3.4.1（b）]。

（3）陵水：采样点位于陵水县城上游，河面宽约 280 m，两岸有硬质护岸，沿岸带水草较丰富，近岸水体上漂浮有水葫芦。基本上为静水，水体较清澈、碧绿［图 3.4.1（c）］。

（4）保亭水：采样点距汇口约 500 m，河面宽约 30 m；两岸为丘陵，以椰林、农田为主；水体碧绿，静缓流；底质为淤泥［图 3.4.1（d）］。

3.4.4　浮游植物

1. 浮游植物种类组成与分布

陵水河调查水域共检出浮游植物 7 门 65 种。其中硅藻门 36 种，蓝藻门 5 种，绿藻门 16 种，甲藻门 1 种，金藻门 2 种，隐藻门 2 种，裸藻门 3 种。

陵水河干流共检出浮游植物 7 门 45 种。其中硅藻门 22 种，绿藻门 12 种，蓝藻门 4 种，甲藻门 1 种，金藻门 2 种，隐藻门 2 种，裸藻门 2 种。

陵水河支流保亭河共检出浮游植物 5 门 40 种。其中硅藻门 21 种，占检出种类的 52.50%；蓝藻门 3 种，占检出种类的 7.50%；绿藻门 12 种，占检出种类的 30.00%；隐藻门 2 种，占检出种类的 5.00%；裸藻门 2 种，占检出种类的 5.00%（图 3.4.2、表 3.4.2）。

陵水河干流浮游植物种类比支流浮游植物种类多。干、支流浮游植物种类组成均以硅藻门为主，其次为绿藻门，再次为蓝藻门，其他种类偶见。常见种类有钝脆杆藻、针杆藻、桥弯藻、舟形藻、等片藻等。

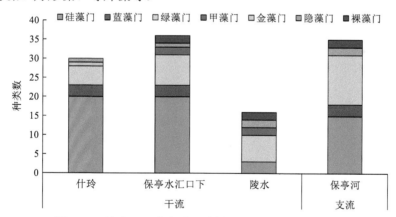

图 3.4.2　陵水河调查水域浮游植物种类组成及水平分布

表 3.4.2　陵水河调查水域浮游植物种类组成

种类组成	干流			支流
	什玲	保亭水汇口下	陵水	保亭河
硅藻门	25	26	3	21
蓝藻门	3	3	0	3
绿藻门	5	7	6	12

种类组成	干流			支流
	什玲	保亭水汇口下	陵水	保亭河
甲藻门	0	1	1	0
金藻门	2	0	0	0
隐藻门	1	1	2	2
裸藻门	0	2	2	2
合计	36	40	14	40

2. 现存量

1）浮游植物密度

陵水河调查水域浮游植物平均密度为 25.711 3×10⁶ cells/L，其中硅藻门占 3.66%，蓝藻门占 15.36%，绿藻门占 42.99%，甲藻门占 0.26%，隐藻门占 37.09%，裸藻门占 0.63%。陵水河干流浮游植物平均密度为 23.230 0×10⁶ cells/L，支流浮游植物平均密度为 33.155 0×10⁶ cells/L（图 3.4.3、表 3.4.3）。

2）浮游植物生物量

陵水河调查水域浮游植物平均生物量为 5.674 7 mg/L，其中硅藻门占 6.16%，蓝藻门占 0.46%，绿藻门占 43.38%，甲藻门占 2.40%，隐藻门占 39.55%，裸藻门占 8.05%。陵水河干流浮游植物平均生物量为 6.503 6 mg/L，支流浮游植物平均生物量为 3.188 0 mg/L（图 3.4.4、表 3.4.4）。

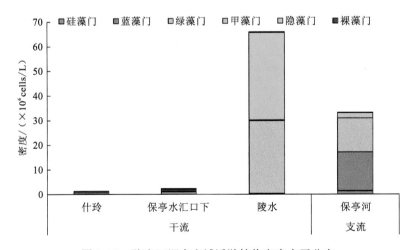

图 3.4.3　陵水河调查水域浮游植物密度水平分布

表 3.4.3　陵水河调查水域浮游植物密度组成 　　　（单位：×10⁶ cells/L）

密度组成	采样点			
	什玲	保亭水汇口下	陵水	保亭河
硅藻门	0.792 6	1.138 0	0.407 6	1.426 8
蓝藻门	0	0.169 9	0	15.626 3
绿藻门	0.498 2	0.441 6	29.486 2	13.791 9
甲藻门	0	0	0.271 8	0
隐藻门	0.067 9	0.441 6	35.465 0	2.174 1
裸藻门	0	0.237 8	0.271 8	0.135 9
合计	1.358 8	2.428 9	65.902 4	33.155 0

注：表中数值进行过修约。

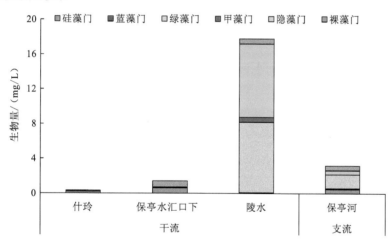

图 3.4.4　陵水河调查水域浮游植物生物量水平分布

表 3.4.4　陵水河调查水域浮游植物生物量组成 　　　（单位：mg/L）

生物量组成	干流			支流
	什玲	保亭水汇口下	陵水	保亭河
硅藻门	0.212 9	0.608 1	0.095 1	0.482 4
蓝藻门	0	0.008 5	0	0.096 7
绿藻门	0.096 2	0.047 6	8.112 1	1.589 8
甲藻门	0	0	0.543 5	0
隐藻门	0.006 8	0.044 2	8.451 8	0.475 6
裸藻门	0	0.699 8	0.584 3	0.543 5
合计	0.315 9	1.408 2	17.786 8	3.188 0

3. 现状评价

浮游植物生物多样性采用香农-维纳多样性指数公式计算,调查水域各断面浮游植物香农-维纳生物多样性指数见表 3.4.5,结果发现除陵水外,各断面浮游植物种类较少且种类数量相对均匀,浮游植物多样性整体偏低。

表 3.4.5 陵水河调查水域浮游植物香农-维纳生物多样性指数及物种数

采样断面		种类数	香农-维纳生物多样性指数
干流	什玲	36	1.77
	保亭水汇口下	40	2.75
	陵水	14	1.28
支流	保亭河	40	1.87
平均值		33	1.92

3.4.5 浮游动物

1. 浮游动物种类组成与分布

陵水河共检出浮游动物 28 属 34 种,其中原生动物 13 种,占 38.24%;轮虫 14 种,占 41.18%;枝角类 4 种,占 11.76%;桡足类 3 种,占 8.82%。陵水河干流共检出浮游动物 25 种,什玲至陵水逐渐递增。支流保亭河检出浮游动物 21 种(图 3.4.5)。

陵水河浮游动物种类组成以轮虫、原生动物为主,针棘匣壳虫(*Centropyxis aculeata*)、无节幼体(Nauplius)在监测断面中出现频率较高。

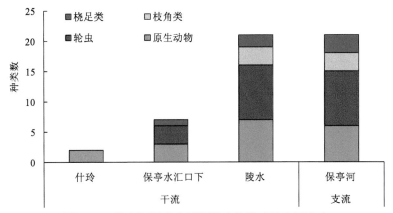

图 3.4.5 陵水河调查水域浮游动物组成及水平分布

2. 浮游动物现存量

陵水河浮游动物密度组成以原生动物为主,生物量组成轮虫比重最大,优势种有小单环栉毛虫（*Didinium balbianii*）。

1）浮游动物密度

陵水河浮游动物密度在 17.0～3 307.6 ind./L，平均 1 055.10 ind./L，其中原生动物占 91.25%，轮虫占 7.08%，枝角类占 0.32%，桡足类占 1.35%。干流浮游甲壳类平均密度是 1 308.07 ind./L，干流什玲至陵水浮游动物密度呈逐渐递增趋势，上游什玲位于高山峡谷地带，流速急，陵水监测断面位于陵水县，营养盐较丰富，枝角类和桡足类密度相对较高。支流保亭河浮游动物密度 294.2 ind./L（图 3.4.6）。

2）浮游动物生物量

陵水河浮游动物生物量在 0.000 9～0.597 8 mg/L，平均 0.257 2 mg/L，其中原生动物占 18.71%，轮虫占 34.87%，枝角类占 13.22%，桡足类占 33.20%。什玲至陵水浮游动物生物量呈逐渐递增趋势，支流保亭河浮游动物生物量 0.597 8 mg/L（图 3.4.6）。

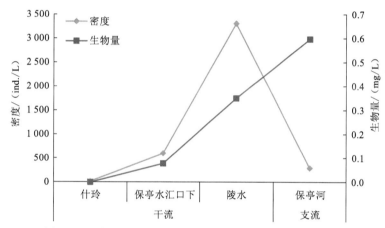

图 3.4.6　陵水河调查水域浮游动物密度和生物量水平分布

3. 现状评价

浮游动物生物多样性采用香农-维纳多样性指数公式计算，陵水河各断面浮游动物香农-维纳生物多样性指数见表 3.4.6。陵水河干流浮游动物多样性指数在 1.5 以下，表示干流水域浮游动物群落结构简单，物种比较单一。支流保亭河浮游动物群落结构相对复杂，物种丰富。

表 3.4.6　陵水河调查水域浮游动物香农-维纳生物多样性指数及物种数

项目	干流			支流
	什玲	保亭水汇口下	陵水	保亭河
定量种类数	1	4	10	8
香农-维纳多样性指数	0	1.158 5	1.392 8	2.686 2

陵水河上游浮游动物种类、密度和生物量偏低，下游位于陵水县，水体流速相对缓

慢，适宜浮游动物生长的营养盐含量增加，其密度和生物量增加。保亭河监测断面水体流速缓慢，两岸农业生产发达，输入水体的腐殖质及农业污染源较多，故有利于浮游动物的生长繁殖。

3.4.6 底栖动物

1. 底栖动物种类组成与分布

调查水域底栖动物种类 18 种，环节动物、软体动物、节肢动物、扁形动物分别为 1 种、2 种、14 种、1 种，主要种类有四节蜉、摇蚊、多足摇蚊、前突摇蚊、苏氏尾鳃蚓等。

干流底栖动物 16 种，节肢动物、软体动物、环节动物分别为 1 种、2 种、12 种、1 种，主要种类有四节蜉、多足摇蚊、前突摇蚊、球河螺、苏氏尾鳃蚓等。干流什玲河段底质为巨石、砾石，底栖动物种类 12 种，主要种类为扁蜉、春蜓、盖蟌、球河螺等；保亭水汇口下河段底质以淤泥、细砂为主，底栖动物种类 3 种，种类为多足摇蚊、前突摇蚊、苏氏尾鳃蚓；陵水河段底栖动物种类较少，主要种类为春蜓幼虫。

支流保亭河底栖动物 5 种，环节动物、节肢动物分别有 1 种、4 种，主要种类有摇蚊、多足摇蚊、前突摇蚊、苏氏尾鳃蚓等。

2. 底栖动物现存量

陵水河底栖动物平均密度、平均生物量分别为 34 ind./m^2、1.39 g/m^2，其中干流底栖动物平均密度、平均生物量分别为 30 ind./m^2、1.85 g/m^2，支流底栖动物密度、生物量分别为 44 ind./m^2、0.02 g/m^2。

陵水河干流什玲河段底栖动物现存量较高，底栖生物密度、生物量分别为 74 ind./m^2、4.96 g/m^2；保亭水汇口下河段底栖动物现存量较低，底栖生物密度、生物量分别为 14 ind./m^2、0.07 g/m^2；陵水底栖动物现存量较低，底栖生物密度、生物量分别为 3 ind./m^2、0.51 g/m^2。支流保亭河底栖动物现存量较低，底栖生物密度、生物量分别 44 ind./m^2、0.02 g/m^2（表 3.4.7）。

表 3.4.7 陵水河调查水域底栖动物现存量

采样点	密度/（ind./m^2）					生物量/（g/m^2）				
	环节动物	软体动物	节肢动物	扁形动物	合计	环节动物	软体动物	节肢动物	扁形动物	合计
什玲	0	10	57	7	74	0	1.219	3.737	0.005	4.96
保亭水汇口下	7	0	7	0	14	0.062	0	0.003	0	0.07
陵水	0	0	3	0	3	0	0	0.510	0	0.51
保亭河	7	0	37	0	44	0.006	0	0.017	0	0.02

3. 现状评价

陵水河调查水域底栖动物种类 18 种，环节动物、软体动物、节肢动物、扁形动物分别有 1 种、2 种、14 种、1 种，主要种类有四节蜉、摇蚊、多足摇蚊、前突摇蚊、苏氏尾鳃蚓等，底栖动物平均密度、平均生物量分别为 34 ind./m^2、1.39 g/m^2。底栖动物香农-维纳多样指数性平均为 1.22，Margalef 丰富度指数平均为 1.64。其中什玲底栖动物多样性指数较高，陵水多样性指数较低。

陵水河干流底栖动物 16 种，环节动物、软体动物、节肢动物、扁形动物分别有 1 种、2 种、12 种、1 种，主要种类有四节蜉、多足摇蚊、前突摇蚊、球河螺、苏氏尾鳃蚓等，底栖动物平均密度、平均生物量分别为 30 ind./m^2、1.85 g/m^2。什玲底栖动物种类 12 种，种类较多，底栖动物密度、生物量分别为 74 ind./m^2、4.96 g/m^2，底栖动物现存量较高；保亭水汇口下底栖动物现存量较低，种类为 3 种；陵水底栖动物为 1 种，现存量低，底栖动物密度、生物量分别为 3 ind./m^2、0.51 g/m^2。

陵水河支流保亭河底栖动物 5 种，环节动物、节肢动物分别有 1 种、4 种，主要种类以摇蚊科生物为主，底栖生物密度、生物量分别为 44 ind./m^2、0.02 g/m^2。

整体看，陵水河干流底栖动物种类、生物量分布高于支流，但底栖动物密度低于支流（表 3.4.8）。

表 3.4.8 陵水河调查水域底栖多样性指数

采样点	香农-维纳多样性指数	Margalef 丰富度指数
什玲	2.323	3.559
保亭水汇口下	1.040	1.443
陵水	0	0
保亭河	1.499	1.559

3.5 其 他 河 流

3.5.1 九曲江

1. 采样点设置

2018 年在九曲江中平仔水库、南塘水库、九曲江下游布设 3 个采样点。

2. 水生生境概况

九曲江发源于万宁市放牛岭，注入琼海市沙美内海，全长 49.7 km，集水面积 277.6 km^2，平均坡降 0.82%，多年平均径流量 38 900 万 m^3。九曲江已建水库 20 座，其中南塘水库、中平仔水库是流域内最大的两座水库，均位于河流上游。库区水面开阔，静环流水体，透明度高，下游水体流速缓慢，两岸植被茂密（图3.5.1）。

（a）中平仔水库

（b）中平仔水库电站及下游河道

（c）南塘水库

（d）九曲江下游

图 3.5.1　九曲江水生生态调查断面生境图

3. 浮游植物

2018 年在九曲江设置 3 个采样断面，共检出浮游植物 66 种，其中硅藻门 27.76%，甲藻门占 4.55%，隐藻门占 3.03%，裸藻门占 4.55%，蓝藻门占 12.12%，绿藻门占 47.99%。九曲江中平仔水库和南塘水库的浮游植物种类数差异不大，分别是 27 种、26 种，九曲江下游种类丰富，有 52 种（表 3.5.1）。

浮游植物平均密度是 56.220 8×10⁶ cells/L，其中蓝藻门占 87.68%，绿藻门占 7.52%，硅藻门占 3.73%，隐藻门占 0.77%，甲藻门占 0.30%。南塘水库浮游植物密度最高 88.096 3×10⁶ cells/L，其次是九曲江下游浮游植物密度 46.029 7×10⁶ cells/L，中平仔水库浮游植物密度 34.536 4×10⁶ cells/L。

浮游植物平均生物量是 4.486 6 mg/L，其中蓝藻门占 46.29%，绿藻门占 17.98%，硅藻门占 21.20%，隐藻门占 6.96%，甲藻门占 7.57%。南塘水库浮游植物生物量最高为 5.650 4 mg/L，其次是九曲江下游为 5.109 1 mg/L，中平仔水库为 2.700 6 mg/L。

中平仔水库、南塘水库位于九曲江上游，浮游植物组成相似，南塘水库浮游植物密度和生物量略高于中平仔水库，九曲江下游水体流速缓慢，两岸植被茂密水体腐殖质较多，浮游植物种类、密度和生物量较高。

表 3.5.1　九曲江浮游植物群落结构特征

项目	采样点		
	中平仔水库	南塘水库	九曲江下游
种类	27	26	52
密度/（×10⁶ cells/L）	34.536 4	88.096 3	46.029 7
生物量/（mg/L）	2.700 6	5.650 4	5.109 1

4. 浮游动物

2018 年九曲江调查水域共检出浮游动物 61 种，其中原生动物占 26.23%，轮虫占 45.90%，枝角类占 13.12%，桡足类占 14.75%。九曲江浮游动物种类随水流方向逐渐递增，即：中平仔水库<南塘水库<九曲江下游。

2018 年九曲江浮游动物平均密度是 3 314.97 ind./L，其中原生动物占 36.86%，轮虫占 59.34%，枝角类占 0.26%，桡足类占 3.54%。在水平分布上九曲江下游浮游动物密度最高，其次是中平仔水库，南塘水库偏低（表 3.5.2）。

2018 年九曲江浮游动物平均生物量是 3.964 6 mg/L，其中原生动物占 0.28%，轮虫占 25.66%，枝角类占 12.46%，桡足类占 61.60%。浮游动物生物量在水平分布中平仔水库最高，其次是九曲江下游，南塘水库偏少。

九曲江浮游动物多样性指数在 1.607 2～5.969 3，平均是 3.500 7。九曲江下游水流缓慢，浮游动物种类丰富，群落结构复杂，南塘水库水位偏低，岸周以块石护坡，其多样性指数偏低。

表 3.5.2　九曲江浮游动物群落结构特征

项目	采样点		
	中平仔水库	南塘水库	九曲江下游
种类	31	33	39
密度/（ind./L）	3 320.0	1 683.5	4 941.4
生物量/（mg/L）	7.903 6	1.020 8	2.969 4
香农-维纳多样性指数	2.926 1	1.607 2	5.969 3

5. 底栖动物

2018 年调查九曲江 3 个采样点仅在南塘水库采集到摇蚊属、沼虾属 2 种（属）；底栖动物密度、生物量分别为 6 ind./m²、0.272 g/m²；香农-维纳多样性指数 0.673。

3.5.2 龙滚河

1. 采样点设置

2018 年龙滚河设置 2 个采样断面军田水库、龙滚河下游。

2. 水生生境概况

龙滚河发源于海南省万宁市内罗玲，自西向东北流，注入琼海市沙美内海。全长 47.7 km，集水面积 213.6 km²，平均坡降 2.08，多年平均径流量 28 800 万 m³。龙滚河已建水库 9 座，其中最大的是军田水库，位于河流上游，总库容 4 030 万 m³。库区水面开阔，龙滚河下游水体流速缓慢，两岸植被茂密，底质以泥沙为主（图 3.5.2）。

（a）军田水库　　　　　　　　　　　　　　（b）龙滚河下游

图 3.5.2　龙滚河水生生态调查断面生境图

3. 浮游植物

龙滚河 2 个采样点共检出浮游植物 56 种，其中硅藻门 28.57%，甲藻门和隐藻门各占 3.57%，裸藻门占 5.36%，蓝藻门占 14.29%，绿藻门占 44.64%。龙滚河下游浮游植物 48 种，高于军田水库的 26 种。

龙滚河浮游植物平均密度是 22.080 7×10⁶ cells/L，其中蓝藻门占 60.62%，绿藻门占 17.90%，硅藻门占 18.72%，隐藻门占 2.26%，甲藻门占 0.51%。军田水库浮游植物密度为 15.082 8×10⁶ cells/L，龙滚河下游密度为 29.078 6×10⁶ cells/L。

龙滚河浮游植物平均生物量为 3.913 8 mg/L，其中蓝藻门占 13.05%，绿藻门占 35.56%，硅藻门占 35.83%，隐藻门占 4.57%，甲藻门占 10.99%。龙滚河下游浮游植物生物量最高，为 4.741 0 mg/L，其次是军田水库，为 3.086 5 mg/L（表 3.5.3）。

龙滚河下游水流缓慢，两岸植被茂密，水温合适，有利于浮游植物生长繁殖。军田水库水体清澈，透明度高，浮游植物偏少。

表 3.5.3　龙滚河浮游植物群落结构特征

项目	采样点	
	军田水库	龙滚河下游
种类	26	48
密度/（×10^6 cells/L）	15.082 8	29.078 6
生物量/（mg/L）	3.086 6	4.741 0

4. 浮游动物

2018 年龙滚河 2 个采样点共检出浮游动物 45 种，其中原生动物占 22.22%，轮虫占 44.45%，枝角类占 13.33%，桡足类占 20%。龙滚河下游浮游动物种类高于军田水库（表 3.5.4）。

龙滚河浮游动物平均密度是 2 454.85 ind./L，其中原生动物占 47.54%，轮虫占 48.88%，枝角类占 1.04%，桡足类占 2.54%。龙滚河下游浮游动物密度明显高于军田水库（表 3.5.4）。

龙滚河浮游动物生物量平均是 3.789 8 mg/L，其中原生动物占 0.27%，轮虫占 8.61%，枝角类占 38.58%，桡足类占 52.54%。军田水库检出大个体枝角类和桡足类较多，生物量偏高，龙滚河下游检出原生动物数量较多，生物量较少。

龙滚河浮游动物多样性指数平均是 3.173 7。龙滚河下游水流缓慢，两岸植被茂密，周边农田较多，生物多样性高于军田水库。

表 3.5.4　龙滚河浮游动物群落结构特征

项目	采样点	
	军田水库	龙滚河下游
种类	20	39
密度/（ind./L）	808.8	4 100.9
生物量/（mg/L）	4.895 1	2.684 4
香农-维纳多样性指数	2.633 4	3.714 0

5. 底栖动物

2018 年调查龙滚河 2 个采样点仅在军田水库采集到沼虾属、铜锈环棱螺 2 种（属）；底栖动物密度、生物量分别为 3.00 ind./m^2、0.389 g/m^2；香农-维纳多样性指数 0.637。

3.5.3　龙首河

龙首河发源于万宁市北坡平，注入琼万宁市小海，全长 33.2 km，集水面积 135.8 km^2，平均坡降 1.82，多年平均径流量 18 900 万 m^3。龙首河已建水库 4 座，均为小型水库。

在龙首河设置 1 个监测断面，位于龙滚河下游，采样点因受雨水影响水色呈黄褐色，流速 0.4 m/s，底质卵石，两岸植被较好（图 3.5.3）。

（a）龙首河流水生境   （b）龙首河静缓流生境

图 3.5.3 龙首河水生生态调查断面生境图

2018 年龙首河共检出浮游植物 27 种，其中硅藻门占 29.63%，甲藻门占 3.70%，隐藻门占 7.41%，裸藻门占 11.11%，蓝藻门占 22.22%，绿藻门占 25.93%。龙首河浮游植物密度为 $4.925\,7×10^6$ cells/L，生物量为 1.985 7 mg/L。浮游植物密度以硅藻门、绿藻门、蓝藻门为主。生物量以裸藻门、隐藻门、绿藻门为主。

2018 年龙首河检出浮游动物 11 种，其中原生动物 4 种、轮虫各 1 种，枝角类 3 种，桡足类 3 种。龙首河浮游动物密度、生物量分别是 1 367.72 ind./L、0.049 6 mg/L。

2018 年调查龙首河采集到底栖动物有雕翅摇蚊属、沼虾属、椭圆萝卜螺、头鳃虫属 4 种（属）；底栖动物密度、生物量分别为 7 ind./m^2、0.218 g/m^2；香农-维纳多样性指数 1.352。

3.5.4 龙尾河

龙尾河发源于万宁市南肚岭，注入万宁市小海，全长 38.2 km，集水面积 158.0 km^2，平均坡降 2.72，多年平均径流量 22 900 万 m^3。龙尾河已建水库 7 座，均为小型水库。采样点受降雨影响水色呈黄色，泥沙含量较高。流速 0.3 m/s，左右两岸水泥护坡（图 3.5.4）。

2018 龙尾河共检出浮游植物 26 种，其中硅藻门 38.46%，隐藻门占 7.69%，裸藻门占 3.85%，蓝藻门占 19.23%，绿藻门占 30.77%。龙尾河浮游植物密度为 $2.746\,7×10^6$ cells/L，生物量是 0.685 8 mg/L。浮游植物密度以隐藻门、绿藻门、蓝藻门最高，生物量以裸藻门、隐藻门、绿藻门最高。

2018 年龙尾河检出浮游动物 11 种，其中原生动物 4 种，轮虫 1 种，枝角类、桡足类各 3 种。龙尾河浮游动物密度、生物量分别为 1 444.55 ind./L、2.518 5 mg/L。

2018 年调查，龙尾河采集到底栖动物丝蟋科、多足摇蚊属、沼虾属、河蚬、椭圆萝卜螺、铜锈环棱螺 6 种（属）；底栖动物密度、生物量分别为 12 ind./m^2、0.218 g/m^2；香农-维纳多样性指数 1.540。

（a）龙尾河滚水坝　　　　　　　　　　（b）龙尾河下游河道

图 3.5.4　龙尾河水生生态调查断面生境图

3.5.5　太阳河

1. 采样点设置

2017 年在太阳河设置 2 个采样断面，分别位于太阳河上游和下游；2018 年设置 2 个采样断面，采样点位于万宁水库、碑头水库。采样点信息见表 3.5.5。

表 3.5.5　太阳河各采样点信息

断面	日期	时间	经度	纬度
太阳河上游	2017-06-02	17:49	110°11′56.51″	18°43′47.55″
太阳河下游	2017-06-03	9:57	110°25′2.52″	18°45′23.76″
碑头水库	2018-06-08	10:40	110°16′1″	18°43′29″
万宁水库	2018-06-08	9:20	110°19′15″	18°47′21″

2. 水生生境概况

太阳河发源于琼中县红顶岭，注入万宁市小海，全长 75.7 km，集水面积 592.5 km^2，平均坡降 1.49，多年平均径流量 84 100 万 m^3。太阳河已建水库 18 座，其中中下游万宁水库，1966 年 10 月建成，总库容 1.52 亿 m^3，具有年调节功能。万宁水库坝下支流上游已建碑头水库，1976 年 5 月建成，总库容 1 690 万 m^3，具有多年调节功能。太阳河上游位于万宁水库库尾，河面宽约 50 m，两岸植被茂密，以椰林、竹林等为主，水体碧绿、缓流，趋于静水，底质为淤泥、细砂。太阳河下游距离河口约 3.8 km，静水，河面宽约 110 m，水深 1~1.5 m，两岸有堤防、公路，堤内水草丰茂，堤外为农田、村庄。距入海口约 2 km 有一滚水坝。万宁水库采样点位于石龟村，水色呈褐绿色，有水泥石块护坡，采样底质有水草、砂石。碑头水库水色呈黄褐色，底质泥沙长有青苔，水面有水葫芦（图 3.5.5）。

（a）万宁水库库尾以上河段

（b）万宁水库

（c）碑头水库

（d）太阳河下游

图 3.5.5　太阳河水生生态调查断面生境图

3. 浮游植物

2017 年、2018 年太阳河共采集到浮游植物 85 种，其中硅藻门占 32.94%，绿藻门占 38.83%，蓝藻门占 18.82%，甲藻门占 4.71%，隐藻门、裸藻门各占 2.35%。上游断面采集到浮游植物 33 种，下游断面采集到 36 种，碑头水库采集到 33 种，万宁水库采集到 35 种。

太阳河浮游植物平均密度为 64.06×10^6 cells/L。太阳河上游浮游植物密度 $1.743\ 8\times10^6$ cells/L，下游浮游植物密度 $13.112\ 5\times10^6$ cells/L，碑头水库浮游植物密度 $185.138\ 0\times10^6$ cells/L、万宁水库浮游植物密度 $56.254\ 8\times10^6$ cells/L。密度分布上碑头水库、万宁水库高于太阳河上游和下游。

太阳河浮游植物平均生物量是 $5.994\ 2$ mg/L，其中太阳河上游浮游植物生物量 $0.613\ 7$ mg/L，下游浮游植物生物量 $3.121\ 9$ mg/L，碑头水库浮游植物生物量 $13.603\ 7$ mg/L，万宁水库浮游植物生物量 $6.550\ 4$ mg/L。

太阳河上游浮游植物香农-维纳多样性指数为 2.44，下游 2.51，碑头水库 1.96，万宁水库 1.92。太阳河上游、下游多样性指数高于库区段（表 3.5.6）。

表 3.5.6　太阳河浮游植物群落结构特征

项目	2017 年		2018 年	
	太阳河上游	太阳河下游	碑头水库	万宁水库
种类	33	36	33	35
密度/（×10⁶ cells/L）	1.743 8	13.112 5	185.138 0	56.254 8
生物量/（mg/L）	0.613 7	3.121 9	13.690 7	6.550 4
香农-维纳多样性指数	2.44	2.51	1.96	1.92

碑头水库为富营养化水体，极易暴发水华，浮游植物密度和生物量很高，其密度和生物量组成以蓝藻门、绿藻门为主；万宁水库为饮用水源地，水质比碑头水库好，浮游植物密度和生物量稍低；太阳河上游、下游为缓流水体，浮游植物密度、生物量较低。

4. 浮游动物

2017 年太阳河鉴定出浮游动物 19 种，其中原生动物 8 种，轮虫 6 种，枝角类 2 种，桡足类 3 种，平均密度是 2 752.3 ind./L，平均生物量 0.656 8 mg/L，平均多样性指数 1.986 8。太阳河下游浮游动物密度和生物量高于上游。

2018 年太阳河碑头水库、万宁水库共检出浮游动物 39 种，其中原生动物占 28.21%，轮虫占 51.28%，枝角类占 7.69%，桡足类占 12.82%。碑头水库、万宁水库浮游动物种类差异不大，均在 25 种左右。2018 年太阳河平均密度是 3 536.0 ind./L，平均生物量是 2.461 0 mg/L。在水平分布上碑头水库浮游动物、浮游植物密度和多样性指数最高，万宁水库浮游动物生物量最高（表 3.5.7）。

表 3.5.7　2018 年太阳河浮游动物群落结构特征

项目	采样点	
	碑头水库	万宁水库
种类	24	25
密度/（ind./L）	6 538.4	533.6
生物量/（mg/L）	2.452 1	2.469 9
香农-维纳多样性指数	2.457 5	1.991 1

5. 底栖动物

太阳河底质为淤泥、细砂，2017 年底栖动物检出 10 种，主要种类为菱跗摇蚊、霍甫水丝蚓、石蛭、多棱角螺等。太阳河软体动物较多，密度、生物量整体较高，生物量为 22.24 g/m²，且下游多样性较上游高。

2018 年太阳河万宁水库、碑头水库共检出底栖动物 6 种，以摇蚊科生物及软体动物为主。万宁水库（5 种）比碑头水库（3 种）丰富。碑头水库以摇蚊属为主，其底栖动物平均密度和平均生物量分别是 5 ind./m²、0.027 g/m²，平均多样性指数是 1.443。万宁水库以多棱角螺、摇蚊属为主，其底栖生物平均密度和平均生物量分别为 12 ind./m²、6.063 g/m²，多样性指数为 1.610。

3.5.6　春江

2017 年 6 月在春江上游、春江下游设置 2 个采样点。

生境概况如下。

（1）春江上游：经度 109°20′33.71″，纬度 19°32′1.69″，海拔 67 m，水温 27.5 ℃。两岸植被茂密，河流生境多样，有深潭、浅滩交替，急流、缓流相间，底质以卵石、砾石为主，最大流速约 1.2 m/s[图 3.5.6（a）]。

（2）春江下游：经度 109°15′11.11″，纬度 9°38′59.97″，海拔 60 m，水温 29.5 ℃。采样点距入海口约 5 km，受春江水库影响，河道水量极少，且几乎为静水，少有水流进入大海，河道内大面积滩涂裸露，形成沙滩，部分河道被养殖户用围网隔离形成养鸭场，污染较重[图 3.5.6（b）]。

（a）春江上游

（b）春江下游

图 3.5.6　春江水生生态调查断面生境图

春江共检出浮游植物 6 门 53 种。其中硅藻门 22 种，占检出种类的 41.51%；蓝藻门 3 种，占检出种类的 5.66%；绿藻门 18 种，占检出种类的 33.96%；甲藻门 4 种，占检出种类的 7.55%；隐藻门 2 种，占检出种类的 3.77%；裸藻门 4 种，占检出种类的 7.55%。

春江鉴定浮游动物 21 种，其中原生动物是 6 种，轮虫 9 种，枝角类 1 种，桡足类 5 种，浮游动物平均密度是 1 130 ind./L，平均生物量为 1.349 4 mg/L，平均多样性指数为 2.302 7。春江下游禽类养殖较发达，排入水体的农业污染源偏高，适宜浮游动物生长的营养盐增加，密度和生物量比上游采样点高很多。

春江底栖动物 9 种，主要种类有似宽基蜉、纹石蛾、多足摇蚊、长跗摇蚊等。春江底栖动物平均密度、平均生物量分别为 97 ind./m²、0.81 g/m²；春江下游河段因底栖动物种类中节肢动物较多，下游河段底栖动物密度高于上游，上游河段因软体动物出现，底栖动物生物量高于下游。

3.5.7　珠碧江

2017年6月在珠碧江设置2个采样点，分别位于珠碧江上游和珠碧江下游。
生境概况如下。

（1）珠碧江上游：经度109°7′39.97″，纬度19°24′45.61″，海拔35 m，水温29.2 ℃，两岸植被茂密，河流水质清澈，水流平缓，流速约0.6 m/s，河面宽约40 m，河岸带水草茂密，以芦苇等为主[图3.5.7（a）]。

（2）珠碧江下游：经度108°58′34.40″，纬度19°28′46.66″，海拔6 m，水温31.2 ℃，河面开阔，宽约150 m，水深较浅，约0.8 m，水流缓慢。两岸地势平坦，为农田、村庄。珠碧江中游采砂十分普遍，导致河道生境破坏、水质污染等[图3.5.7（b）]。

（a）珠碧江上游　　　　　　　　　　　　（b）珠碧江下游

图3.5.7　珠碧江水生生态调查断面生境图

珠碧江共检出浮游植物6门52种。其中硅藻门25种，占检出种类的48.08%；蓝藻门10种，占检出种类的19.23%；绿藻门13种，占检出种类的25.00%；甲藻门1种，占检出种类的1.92%；隐藻门1种，占检出种类的1.92%；裸藻门2种，占检出种类的3.85%。

珠碧江鉴定出浮游动物17种，其中原生动物6种，轮虫7种，桡足类4种，枝角类未检出。浮游动物平均密度是3 553.3 ind./L，平均生物量0.347 2 mg/L，平均多样性指数1.712 5。珠碧江上游浮游动物现存量略高于下游。

珠碧江底栖动物8种，主要种类有多足摇蚊、米虾、短沟蜷、球河螺等；珠碧江底栖动物现存量较高，底栖动物平均密度、平均生物量分别为60 ind./m²、16.270 g/m²。珠碧江河段因软体动物相对较多，底栖动物生物量较高，上游河段底栖动物现存量高于下游。

3.5.8 排浦江

2018 年 1 月在排浦江设置 2 个采样点，分别是排浦江上游、排浦江下游。

生境概况如下。

（1）排浦江上游：经度 109°12′25.49″，纬度 19°33′43.58″，海拔 41 m，水温 15.4 ℃，河道宽约 20 m，两岸植被茂盛。受采砂影响，水呈泥浆状。水流极缓，部分河段流量极小，呈断流状态[图 3.5.8（a）]。

（2）排浦江下游：经度 109°19′22.51″，纬度 19°38′03.18″，海拔 2 m，水温 20 ℃，河道宽约 25 m，两岸植被茂盛。水流较缓，受上游采砂等因素影响，整个河水呈泥浆状。距河口约 5.5 km 处有一废弃的滚水坝[图 3.5.8（b）]。

（a）排浦江上游

（b）排浦江下游

图 3.5.8 排浦江水生生态调查断面生境图

排浦江共检出浮游植物 6 门 32 种。其中硅藻门 21 种，占检出种类的 65.63%；蓝藻门 3 种，占检出种类的 9.37%；绿藻门 3 种，占检出种类的 9.37%；甲藻门 1 种，占检出种类的 3.13%；隐藻门 2 种，占检出种类的 6.25%；裸藻门 2 种，占检出种类的 6.25%。

排浦江鉴定出浮游动物 20 种，其中原生动物 6 种，轮虫 4 种，枝角类和桡足类各 5 种，浮游动物平均密度为 544.5 ind./L，平均生物量为 0.326 9 mg/L，平均多样性指数为

0.53。本次调查排浦江上游定量样品未检出浮游动物，下游浮游动物密度和生物量分别是 6 706.6 ind./L、0.694 4 mg/L。

排浦江底栖动物 9 种，主要种类有划蝽、米虾、钩虾等；排浦江底栖动物平均密度、平均生物量分别为 89 ind./m²、3.053 g/m²；排浦江上下游河段底栖动物密度相近，下游河段底栖动物因软体动物较多，密度高于上游。

3.5.9　山鸡江

2018 年 1 月在山鸡江设置 2 个采样点，分别是山鸡江上游、山鸡江下游。

生境概况如下。

（1）山鸡江上游：经度 109°06′21.17″，纬度 19°30′26.13″，海拔 52 m，水温 18.2 ℃，山鸡江上游红岭农场江段修建有红岭水库，库尾以上流量较小，富营养化严重，河道内长满水葫芦。红岭农场下游受农场生活污水、垃圾等影响，水质较差[图 3.5.9（a）]。

（2）山鸡江下游：经度 109°00′31.93″，纬度 19°31′16.06″，海拔 14 m，水温 18.9 ℃，由于红洋水库未下泄生态流量，下游水量较小，河道内植被茂盛，水质较清澈[图 3.5.9（b）]。

（a）山鸡江上游

（b）山鸡江下游

图 3.5.9　山鸡江水生生态调查断面生境图

山鸡江共检出浮游植物 5 门 42 种。其中硅藻门 22 种，占检出种类的 52.38%；蓝藻门 6 种，占检出种类的 14.29%；绿藻门 9 种，占检出种类的 21.43%；隐藻门 2 种，占检出种类的 4.76%；裸藻门 3 种，占检出种类的 7.14%。

山鸡江鉴定出浮游动物 29 种，其中原生动物 6 种，轮虫 17 种，枝角类 2 种，桡足类 4 种。浮游动物平均密度为 6 833.38 ind./L，平均生物量 0.358 2 mg/L，平均多样性指数 2.82。山鸡江上游浮游动物种类、现存量和多样性指数高于下游。

山鸡江底栖动物种类 10 种，主要种类有四节蜉、海南似宽基蜉、纹石蛾、沼虾等。山鸡江底栖动物现存量相对较低，底栖动物平均密度、平均生物量分别为 54 ind./m²、5.476 g/m²，下游河段底栖动物密度因软体动物较多，高于上游。

3.5.10 望楼河

2017 年设置 2 个采样点，即望楼河上游、望楼河下游；2018 年设置 3 个采样点，即长茅水库库尾、长茅水库库中、石门水库。

1. 浮游植物

2017 年、2018 年望楼河 5 个断面共采集到浮游植物 82 种，其中硅藻门占 43.90%，绿藻门占 34.15%，蓝藻门占 10.97%，甲藻门占 3.66%，隐藻门占 2.44%，裸藻门占 4.88%。望楼河各采样点浮游植物种类为 23～31 种，长茅水库库中 31 种，长茅水库库尾 30 种，石门水库 28 种，望楼河上游 27 种，望楼河下游 23 种，库区浮游植物种类较丰富，望楼河上、下游种类相对较少。

望楼河浮游植物平均密度为 86.057 8×10⁶ cells/L，密度组成中蓝藻门占有绝对优势，其他门类所占比例较少。从表 3.5.8 可知，石门水库浮游植物密度最高，其次是长茅水库库中，望楼河上游、长茅水库库尾、望楼河下游浮游植物密度偏少。望楼河浮游植物平均生物量是 5.478 7 mg/L，在水平分布上长茅水库库中最高，其次是石门水库，长茅水库库尾较少。从表 3.5.8 可知，长茅水库库尾、库中及望楼河上、下游多样性指数均在 2.0 以上，石门水库多样性指数较低，种类组成单一，群落结构简单。

表 3.5.8 望楼河浮游植物群落结构特征

项目	采样点				
	长茅水库库尾	长茅水库库中	石门水库	望楼河上游	望楼河下游
种类/种	30	31	28	26	23
密度/（×10⁶cells/L）	2.812 7	23.354 6	394.508 1	2.615 7	6.997 9
生物量/（mg/L）	0.435 8	12.957 4	11.296 2	0.924 0	1.780 0
香农-维纳生物多样性指数	2.42	2.41	0.38	2.28	2.2

2. 浮游动物

2017年、2018年两次调查共检出浮游动物72种，其中原生动物占23.61%，轮虫占44.44%，枝角类占15.28%，桡足类占16.67%。

2017年望楼河鉴定出浮游动物31种，其中原生动物是5种，轮虫20种，枝角类和桡足类共6种，浮游动物平均密度是286.9 ind./L，平均生物量为0.243 4 mg/L，多样性指数为1.106 3。望楼河下游水流缓慢，浮游动物种类和生物量明显高于上游流水河段。

2018年望楼河鉴定出浮游动物43种，其中原生动物为4种，轮虫18种，枝角类8种，桡足类13种，浮游动物平均密度为873.40 ind./L，平均生物量为0.664 3 mg/L，多样性指数为1.013 4。

从表3.5.9可知，长茅水库库中浮游动物密度和生物量最高，多样性指数最低；石门水库浮游动物种类和多样性指数最高，长茅水库库尾浮游动物种类、密度和生物量偏低。

表 3.5.9　望楼河浮游动物群落结构特征

项目	采样点		
	长茅水库库尾	长茅水库库中	石门水库
种类/种	10	35	40
密度/(ind./L)	1 333.51	7 779.72	4 102.77
生物量/(mg/L)	0.024 1	2.104 6	1.059 6
香农-维纳生物多样性指数	0.796 3	0.229 2	1.082 0

3. 底栖动物

望楼河底质为淤泥、细砂，底栖动物18种，主要种类为四节蜉、扁蜉、宽基蜉、长角泥虫、光滑狭口螺等；望楼河底栖动物种类较多，有18种，底栖动物平均密度、平均生物量分别为73 ind./m²、0.81 g/m²。

2018年望楼河共检出底栖动物5种，节肢动物4种，环节动物1种。底栖动物平均密度和平均生物量分别是14 ind./m²、0.177 5 g/m²。从表3.5.10可知，长茅水库库尾种类、密度和生物量最高，石门水库库中底栖动物多样性指数最高。

表 3.5.10　望楼河底栖动物群落结构特征

项目	采样点		
	长茅水库库尾	长茅水库库中	石门水库库中
种类/种	4	1	1
密度/(ind./m²)	36	1	4
生物量/(g/m²)	0.270 2	0.064 8	0.197 4
香农-维纳生物多样性指数	0	0	1.359

3.5.11 宁远河

2017 年宁远河设置宁远河上游 1 个断面；2018 年宁远河设置大隆水库库尾、大隆水库库中、宁远河下游 3 个断面。

1. 浮游植物

2017 年、2018 年宁远河共采集到浮游植物 80 种，其中硅藻门占 48.75%，绿藻门占 27.50%，蓝藻门占 12.50%，甲藻门占 5.00%，隐藻门占 2.50%，裸藻门占 3.75%。宁远河上游浮游植物种类为 37 种，大隆水库库尾至宁远河下游浮游植物种类逐渐递增。

宁远河浮游植物平均密度为 2.223 9×10^6 cells/L，密度组成中蓝藻门占 44.91%，其次是硅藻门 30.86%，绿藻门 14.56%，其他门类所占比例较少。从表 3.5.11 可知，大隆水库库中浮游植物密度最高，其后依次是宁远河下游、大隆水库库尾、宁远河上游。宁远河平均生物量为 0.474 7 mg/L，其中硅藻门占 27.77%，甲藻门占 32.68%，绿藻门占 17.59%，其他门类所占比例较少，在水平分布上大隆水库库中浮游植物生物量最高，为 1.013 2 mg/L，宁远河下游次之，为 0.374 9 mg/L，宁远河上游、大隆水库库尾差异不大，在 0.25 mg/L 左右。

从表 3.5.11 可知，宁远河大隆水库库尾至宁远河下游浮游植物多样性指数在 2.00 以上，宁远河上游浮游植物多样性指数为 1.46。

表 3.5.11 宁远河浮游植物群落结构特征

项目	采样点			
	宁远河上游	大隆水库库尾	大隆水库库中	宁远河下游
种类/种	37	16	32	40
密度/（×10^6 cells/L）	0.770 0	0.720 2	5.571 1	1.834 4
生物量/（mg/L）	0.258 2	0.252 3	1.013 2	0.374 9
香农-维纳生物多样性指数	1.460	2.391	2.087	2.415

2. 浮游动物

宁远河鉴定出浮游动物 61 种，其中原生动物 15 种，轮虫 21 种，枝角类 10 种，桡足类 15 种，平均密度 6 255.11 ind./L，平均生物量 1.062 8 mg/L，多样性指数 0.702 5。

从表 3.5.12 可知，宁远河浮游动物种类数差异不大，在 23～27 种；密度以大隆水库库尾最高，其次是大隆水库库中，宁远河下游较少；大隆水库库中检出大个体较多，生物量最高，其次是宁远河下游，大隆水库库尾检出小型个体多，生物量偏低；大隆水库库尾多样性指数较高，大隆库中多样性指数最低，种类组成单一。

表 3.5.12 宁远河浮游动物群落结构特征

项目	采样点		
	大隆水库库尾	大隆水库库中	宁远河下游
种类/种	27	27	23
密度/(ind./L)	1 245.73	701.82	672.64
生物量/(mg/L)	0.3978	1.468 4	0.126 7
香农-维纳生物多样性指数	1.513	0.581 6	0.945 7

3. 底栖动物

宁远河本次调查共检出底栖动物7种，其中节肢动物1种，软体动物6种。底栖动物平均密度和平均生物量分别是 11 ind./m²、4.6059 g/m²。从表 3.5.13 可知，大隆水库库尾底栖动物种类、生物量及多样性指数最高，宁远河下游生物量较高。

表 3.5.13 宁远河底栖动物群落结构特征

项目	采样点		
	大隆水库库尾	大隆水库库中	宁远河下游
种类/种	5	2	2
密度/(ind./m²)	11	9	12
生物量/(g/m²)	4.416 1	2.264 6	7.137 0
香农-维纳生物多样性指数	1.359	0.349	0.451

3.5.12 藤桥河

藤桥河设置3个采样点：赤田水库库尾、赤田水库库中、藤桥河河口。

藤桥河检出浮游植物43种，赤田水库库尾至藤桥河河口浮游植物种类逐渐递减。藤桥河浮游植物平均密度 20.282 5×10⁶ cells/L，密度组成中蓝藻门占 84.68%，水平分布上赤田库中最高，其次是赤田库尾，藤桥河河口偏低。宁远河浮游植物平均生物量 1.473 2 mg/L，其中硅藻门占 63.02%，生物量在水平分布上变化趋势与密度相似，赤田水库库中最高，其次是库尾，藤桥河河口偏低。从表 3.5.14 可知，藤桥河多样性指数以赤田水库库尾最高，在 2.000 以上，其次是藤桥河河口，赤田水库库中种类较为单一，多样性指数偏低。

表 3.5.14　藤桥河浮游植物群落结构特征

项目	采样点		
	赤田水库库尾	赤田水库库中	藤桥河河口
种类/种	33	18	14
密度/（×10^6 cells/L）	2.554 6	57.409 8	0.883 2
生物量/（mg/L）	0.865 2	3.414 0	0.140 4
香农-维纳生物多样性指数	2.503 0	0.739 1	1.223 0

　　藤桥河鉴定出浮游动物 39 种，其中原生动物 11 种，轮虫 10 种，枝角类 7 种，桡足类 11 种，浮游动物平均密度 935.55 ind./L，平均生物量 0.083 7 mg/L，多样性指数平均为 0.273 1。从表 3.5.15 可知，赤田水库库尾浮游动物种类、密度、多样性指数偏高，藤桥河河口生物量较高。藤桥河多样性指数在 0.5 以下，表示其群落结构简单，物种单一。

表 3.5.15　藤桥河浮游动物群落结构特征

项目	采样点		
	赤田水库库尾	赤田水库库中	藤桥河河口
种类/种	22	14	18
密度/（ind./L）	2 101.35	340.81	364.48
生物量/（mg/L）	0.055 7	0.066 2	0.129 2
香农-维纳生物多样性指数	0.366 7	0.324 6	0.127 9

　　藤桥河本次调查共检出底栖动物 7 种，其中节肢动物 1 种，软体动物 6 种，底栖动物平均密度、平均生物量分别为 24 ind./m²、20.838 6 g/m²。从表 3.5.16 可知，藤桥河河口底栖动物密度和生物量最高，赤田水库库尾偏低且物种单一。

表 3.5.16　藤桥河底栖动物群落结构特征

项目	采样点		
	赤田水库库尾	赤田水库库中	藤条江河口
种类/种	2	2	3
密度/（ind./m²）	2	10	60
生物量/（g/m²）	0.798 1	17.235 4	44.482 4
香农-维纳生物多样性指数	0	0.500	0.085

▶▶▶▶ 第 4 章

海南岛鱼类资源调查

4.1 海南岛淡水鱼类概况

4.1.1 淡水鱼类种类组成与分布

根据《海南岛淡水及河口鱼类原色图鉴》(李新辉 等,2020)《广东淡水鱼类志》(中国水产科学研究院珠江水产研究所,1991)《中国动物志硬骨鱼纲鲤形目中卷》(陈宜瑜,1998)《中国动物志硬骨鱼纲鲤形目下卷》(乐佩琦 等,2000)《中国动物志硬骨鱼纲鲇形目》(褚新洛 等,1999)等文献资料,整理了海南岛淡水鱼类名录(附表4),海南岛共分布有淡水土著鱼类103种,其中鲤形目70种(鲤科60种、鳅科4种,平鳍鳅科6种),占68.0%;鲇形目10种,占9.7%;鲈形目20种,占19.4%;鳉形目2种,占1.9%;合鳃鱼目1种,占1.0%。

对海南岛主要河流鱼类种类数进行整理,结果见表4.1.1,南渡江87种、昌化江71种、万泉河73种、陵水河41种、龙首河15种、太阳河27种、藤桥河25种、望楼河28种、珠碧江17种、北门江48种。

各河流鱼类种类数与河流长度、流域面积呈一定的正相关,且鱼类种类数与河长的相关性较与流域面积的相关性更高(表4.1.1、图4.1.1)。

表 4.1.1 各河流河长、流域面积及鱼类种类数

河流	河长/km	流域面积/km²	鱼类种类数
南渡江	333.8	7 033	87
昌化江	231.6	5 150	71
万泉河	156.6	3 693	73
陵水河	73.5	1 130.8	41
龙首河	33.2	135.8	15
太阳河	75.7	592.5	27
藤桥河	56.1	709.5	25
望楼河	99.1	827.3	28
珠碧江	83.8	956.8	17
北门江	62.2	788.3	48

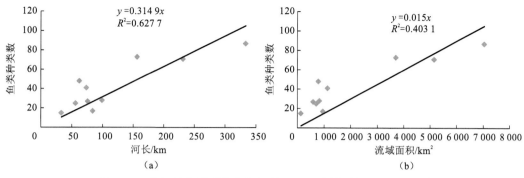

图 4.1.1　各河流鱼类种类数与河长（a）、流域面积（b）的关系

4.1.2　特有种类

海南岛淡水鱼类特有种比例较高，共计 18 种（占比 17.5%），其中仅分布于南渡江的有 3 种，仅分布昌化江的有 2 种，仅分布万泉河的有 1 种，仅分布陵水河的有 2 种（表 4.1.2）。

表 4.1.2　海南岛及主要河流特有鱼类

区域或流域	种类
海南岛 （18 种）	海南异鱲、大鳞鲢、锯齿海南鳘、小银鮈、无斑蛇鮈、大鳞光唇鱼、盆唇华鲮、海南瓣结鱼、海南墨头鱼、保亭近腹吸鳅、琼中拟平鳅、海南原缨口鳅、海南纹胸鲱、弓背青鳉、高体鳑、海南黄黝鱼、项鳞吻鰕虎鱼、多鳞枝牙鰕虎鱼
南渡江（3 种）	大鳞鲢、无斑蛇鮈、高体鳑
昌化江（2 种）	大鳞光唇鱼、海南原缨口鳅
万泉河（1 种）	海南黄黝鱼
陵水河（2 种）	保亭近腹吸鳅、多鳞枝牙鰕虎鱼

注：大鳞鲢、弓背青鳉等分布于海南岛及越南红河水系，本书从我国境内来看将其列为特有种。

4.1.3　淡水鱼类区系

海南岛是中新世、上新世才与大陆隔开，在冰川期曾数次与大陆相连，其鱼类区系与大陆很相似。海南岛淡水鱼类与元江及红河水系相同的种类有 62 种，其中大鳞鲢、锯齿海南鳘、爬岩鳅、海南纹胸鲱只产于海南岛和红河水系，大陆其他水系未见分布。与珠江水系相同的种类多达 78 种，其中拟细鲫等 5 种只见于海南岛和珠江水系，与闽江水系相同的有 55 种，与钱塘江水系和长江水系相同的各 43 种，与黄河水系相同的有 28 种，与黑龙江水系相同的有 21 种。由此可见，海南岛水系鱼类资源与珠江、元江及红河水系十分接近，共有种及相同种很多，关系颇为密切；与闽江水系的相同种虽略有减少，但数量较多，关系较为密切。随着地理位置的距离增大，海南岛与大陆其余主要水系的相同种急剧减少，淡水鱼类区系中间的关系则越趋疏远。海南岛与台湾水系的相同种较少，关系亦颇疏远。

海南岛淡水鱼类分布区系属东洋区华南亚区的海南岛分区，由五个区系复合体组成：

（1）热带平原区系复合体，为原产于南岭以南的热带、亚热带平原区各水系的鱼类，包括鲤科的鲃亚科、雅罗鱼亚科、鲌亚科的部分种类，鲈形目的鮨科、塘鳢科、鰕虎鱼科等，鲇形目的胡子鲇科、长臀鮠科等。

（2）江河平原区系复合体，为第三纪由南热带迁入我国长江、黄河流域平原区，并逐渐演化为许多我国特有的地区性鱼类，包括鲤科、雅罗鱼亚科的大部分种类，鲴亚科、鲢亚科、鳑亚科的大部分种类，鮈亚科、鳋科、鮨科的部分种类。

（3）中印山区鱼类区系复合体，为南方热带、亚热带山区急流生活的鱼类，包括鲃亚科的墨头鱼属，鳅科的条鳅亚科，平鳍鳅科，鮡科等。

（4）上第三纪鱼类区系复合体，为第三纪早期在北半球温带地区形成，包括鲤亚科、鮈亚科的麦穗鱼属、鳅科的泥鳅属、鮨科等。

（5）北方平原鱼类区系复合体，为北半球北部亚寒带平原地区形成的种类，仅花鳅属鱼类1种。

4.1.4 鱼类生态特征

对103种海南岛土著鱼类生态习性从四个方面，即栖息习性、食性、繁殖习性、迁徙习性等方面进行类群划分与统计（表4.1.3），同时对河海洄游鱼类及江河洄游鱼类的洄游习性也进行描述。

从栖息习性来看，流水依赖型和半流水依赖型鱼类占51.46%，说明海南岛土著鱼类中需完全在流水生境中生存和关键生活史阶段需要流水生境的种类占多数。

从繁殖习性来看，以产黏沉性卵鱼类为主，这些鱼类以山区溪流性鱼类为主；产漂流性卵种类较少，仅7种，占6.80%；其他产卵类型鱼类较少。

表 4.1.3　海南岛淡水鱼类生态类型划分

生态类型		鱼类种数	百分比/%
栖息习性	流水依赖型	20	19.42
	半流水依赖型	33	32.04
	非流水依赖型	50	48.54
繁殖习性	漂流性卵	7	6.80
	黏性卵	3	2.91
	黏沉性卵	82	79.61
	浮性卵	6	5.83
	其他	5	4.85

续表

生态类型		鱼类种数	百分比/%
食性	肉食性	10	9.71
	草食性	3	2.91
	底栖动物食性	8	7.77
	滤食性	3	2.91
	杂食性	79	76.70

从食性来看，以杂食性鱼类为主，其次是肉食性和底栖动物食性鱼类，草食性和滤食性种类较少。

1. 栖息习性

根据鱼类的栖息特点及其完成生活史对生境条件的需求，将海南岛淡水鱼类分为以下三种类群：

1）流水依赖类群

此类群完全或主要生活在河流的流水环境中，对流水生境的依赖度很高，基本上整个生活史都在流水生境中完成，这些种类一般体柱状或略侧扁，均呈流线形，游泳能力强，适应于流水生境。该类群种类主要有鲃亚科、野鲮亚科、平鳍鳅科等的鱼类，如倒刺鲃、东方墨头鱼、广西华平鳅等。

2）半流水依赖类群

此类群生活于静缓流水体中，也能适应流水生境，但生活史的部分阶段需要在流水生境中完成，如必须在流水生境中产卵繁殖。这一类群种类包括产漂流性卵的鳙、鲢、草鱼，鲃亚科对流水生境依赖度不是很高的一些小型种类等，如唇鲭、银鲴等。

3）非流水依赖类群

此类群种类对流水生境无依赖，整个生活史都可在静缓流生境中完成，也可在流水生境中完成。这一种类主要包括鲤、鲫、泥鳅、麦穗鱼、棒花鱼等。

2. 食性

海南岛淡水鱼类按食性可划分为肉食性、草食性、底栖动物食性、滤食性、杂食性共5个类群。

1）肉食性类群

肉食性鱼类主要有翘嘴鲌、海南鲌、高体鳜等，这些鱼类口裂大，栖息于水体中上层，以小型鱼类为食。

2）草食性类群

这一类群主要指以水生维管束植物等为主要食物的植食性鱼类，如草鱼、鳊等。

3）底栖动物食性类群

这些鱼类的口部常具有发达的触须或肥厚的唇，用以吸取食物。所摄取的食物，除少部分生长在深潭和缓流河段泥沙底质中的摇蚊科幼虫和寡毛类外，多数是急流的砾石河滩石缝间生长的毛翅目和蜉游目昆虫的幼虫或稚虫。这一类群有青鱼、鲇形目的鳅科鱼类等。

4）滤食性类群

这一类群主要以鳃耙滤食水体中的浮游生物，主要有大鳞鲢、鲢、鳙等。

5）杂食性类群

海南岛大部分鱼类都是杂食性，此类群部分种类既摄食水生昆虫、虾类、软体动物等动物性饵料，也摄食藻类及植物的碎片、种子，有时还吞食其他鱼类的鱼卵、鱼苗，随所处水域环境的食物组成不同有差异。这一类群有鲤、鲫、泥鳅、高体鳑鲏、棒花鱼等。

3. 繁殖习性

根据亲鱼产卵位置的选择以及受精卵的性质，参考易伯鲁编著的《鱼类生态学讲义》等文献，将海南岛鱼类划分为 4 个繁殖生态类群。

1）产漂流性卵类群

这一类群一般产卵水温需求较高，在夏季洪峰刺激下产卵，受精卵比重略大于水，吸水膨胀后，出现较大的卵间周隙，但比重仍略大于水，在水流的翻滚作用下，悬浮于水中漂流孵化。主要包括大鳞鲢、青鱼、草鱼、鲢、鳙、赤眼鳟等鱼类。

2）产黏性卵类群

这一类群一般在春季水温上升、河流水位上涨后，鱼类在近岸、静缓流浅水区产卵，卵具黏性，黏附在水草、底质上孵化。这一类型鱼类对产卵场要求不严格，一般在近岸河汊等水草较多的浅水区即可产卵繁殖。主要包括鲤、鲫、麦穗鱼、鳅科鱼类等。

3）产黏沉性卵类群

这一类型大致又可以分为两类，一类是流水产黏沉性卵鱼类，一般在砂砾底质的缓流水浅滩产卵繁殖，受精卵具弱黏性，黏附于砾石或沉入砾石缝中孵化，有的甚至有在砂石底质上筑巢产卵的习性，受精卵在流水冲刷刺激下孵化，主要包括鲃亚科、野鲮亚科等鱼类；一类是流水或静水产黏沉性卵鱼类，其对产卵场条件要求不高，如鳅科、鲈形目等的一些种类。

4）其他产卵类群

其他产卵类群主要是产卵于软体动物外套腔中的鳑亚科等鱼类；叉尾斗鱼繁殖期雄鱼在水草丛中于水面吐泡筑巢，雌鱼产浮性卵于泡沫中；食蚊鱼为卵胎生鱼类。

4. 迁徙习性

根据鱼类迁徙特点，海南岛鱼类可划分为河海洄游型、河道洄游型与定居型 3 种类型。

1）河海洄游型

河海洄游型鱼类主要包括鳗鲡、花鳗鲡等降海洄游鱼类，其在繁殖期洄游至深海产卵繁殖，幼苗上溯至淡水河流中生长。七丝鲚也具有河海洄游习性，繁殖期沿河口上溯洄游产卵。

2）河道洄游型

河道洄游型鱼类由于生命史过程中生殖、索饵、越冬的需求，鱼类在河道中有短距离的洄游习性，一般在春夏季鱼类繁殖期间上溯至上游或浅滩繁殖，仔幼鱼顺水而下觅食生长，冬季时降河至下游深水区越冬。这一类群的种类主要有产漂流性卵的鲢、鳙、草鱼等，以及鲃亚科、鉤亚科等的一些种类。

3）定居型

定居型鱼类主要指能够在相对狭窄水域内完成全部生活史的种类。这些种类通常产黏沉性卵，产卵时的水文条件要求不严格，如鲤、鲫、棒花鱼、麦穗鱼、泥鳅、鲇等。

4.1.5 重点关注鱼类及其生态习性

本章重点关注的鱼类包括国家级保护鱼类、列入《中国濒危动物红皮书（鱼类）》（乐佩琦和陈宜瑜，1998）和《中国物种红色名录》（汪松和解焱，2004）的种类、海南岛特有鱼类、河海洄游性鱼类及重要经济鱼类等。梳理结果见表 4.1.4。

表 4.1.4 海南岛重点关注鱼类

国家级保护	二级	1	花鳗鲡
中国濒危动物红皮书（鱼类）	濒危（E）	2	花鳗鲡、小银鉤
	易危（V）	2	台细鳊、海南长臀鮠（亚种）
	稀有（R）	2	锯齿海南鳘、保亭近腹吸鳅
中国物种红色名录	濒危（EN）	3	花鳗鲡、小银鉤、多鳞枝牙鰕虎鱼
	易危（VU）	6	海南异鱲（亚种）、台细鳊、海南长臀鮠（亚种）、锯齿海南鳘、青鳉、保亭近腹吸鳅

国家级保护	二级	1	花鳗鲡
海南岛特有鱼类		18	海南异鱲、大鳞鲢、锯齿海南鳘、小银鮈、无斑蛇鮈、大鳞光唇鱼、盆唇华鲮、海南瓣结鱼、海南墨头鱼、保亭近腹吸鳅、琼中拟平鳅、海南原缨口鳅、海南纹胸鮡、弓背青鳉、高体鳑、海南黄黝鱼、项鳞吻鰕虎鱼、多鳞枝牙鰕虎鱼
河海洄游鱼类		3	花鳗鲡、日本鳗鲡、七丝鲚

对表 4.1.4 进行整理，海南岛珍稀濒危特有鱼类共计 22 种，加上日本鳗鲡、七丝鲚，本章重点关注种类共计 24 种，分别为花鳗鲡、日本鳗鲡、七丝鲚、台细鳊、青鳉、海南长臀鮠、海南异鱲、大鳞鲢、锯齿海南鳘、小银鮈、无斑蛇鮈、大鳞光唇鱼、盆唇华鲮、海南瓣结鱼、海南墨头鱼、保亭近腹吸鳅、琼中拟平鳅、海南原缨口鳅、海南纹胸鮡、弓背青鳉、高体鳑、海南黄黝鱼、项鳞吻鰕虎鱼、多鳞枝牙鰕虎鱼（李红敬 等，2002；李红敬和赵万鹏，2003；李高俊 等，2020；申志新 等，2018；余梵冬 等，2018）。

重点关注种类的生物学特征及其资源现状见表 4.1.5。

1. 花鳗鲡

花鳗鲡，又名鳝王、学鳗、芦鳗，属鳗鲡目、鳗鲡科、鳗鲡属。花鳗鲡分布较广，在非洲、澳大利亚、亚洲一些地方有分布。我国分布于长江下游以及以南的钱塘江、灵江、闽江、台湾到广东、海南及广西等江河。花鳗鲡体圆筒形，尾部稍侧扁，腹缘平直，头背缘稍呈弧形，吻端稍平扁，眼较小，眼间隔较宽。口大，前方口裂伸越眼后缘，鳃孔小，紧靠胸鳍基部前下方。体被细鳞，各鳞互相垂直交叉，呈席纹状，埋于皮下，侧线完全，起点在胸鳍前上方，平直，行于体中侧偏下方，侧线孔间距离较大。胸鳍短，后缘圆形，尾鳍末端稍尖，肛门在臀鳍起点前方。体背侧密布黄色斑块和斑点，腹部白色，胸鳍边缘黄色，其余各鳍也有许多蓝绿色斑块（图 4.1.2）。

图 4.1.2 花鳗鲡

花鳗鲡是河海洄游型鱼类，幼鱼生长于河口、沼泽、河溪、湖、塘、水库内，长成年的花鳗鲡于冬季降河洄游到江河口附近性腺才开始发育，而后进入深海产卵繁殖。南渡江每年 2~4 月幼鳗开始进入河口溯河觅食生长，在河溪中营穴居生活。花鳗鲡最大个体达 2.3 m，重 40~50 kg，摄食小鱼、虾、贝类，为较凶猛肉食性鱼类。花鳗鲡溯游可攀越一定高度，涉水进入山溪河谷。

海南岛花鳗鲡苗的分布趋势是东部沿海河流分布多，西部沿海河流少；南部与北部沿海河流介于两者之间。在南渡江河口到定安县江段为偶见品种，渔获物调查中难以采集到，但在海口市南渡江花鳗鲡沿河的餐馆和农贸市场中可以见到，经询问为南渡江捕

表 4.1.5　海南岛重点关注鱼类的分布、生态习性与资源现状

序号	种类	分布	生态习性	资源现状
1	花鳗鲡	在非洲、澳大利亚、亚洲一些地方有分布。我国长江下游及以南的钱塘江、灵江、闽江、台湾到广东、海南及广西等入海江河	河海洄游性鱼类，幼鱼生长于河口、沼泽、河溪、湖、塘、水库内，长成年的鳗鲡于冬季将河洄游到河口附近性腺才开始发育，而后进入深海产卵繁殖。摄食小鱼、虾、贝类，为较凶猛肉食性鱼类。花鳗鲡溯游可攀越一定高度，涉水进入山溪河谷。10～11月成熟个体即开始往河口移动，入海繁殖	在海南岛大小河流下游均有分布，但基本上被阻隔于河流最下一级坝下，种群规模较小，部分水库亦有极少数分布
2	日本鳗鲡	朝鲜、日本，中国沿海及河流，洄游习性强，沿长江能洄游至金沙江、沿黄河能洄游至青海河	河海洄游性鱼类，与花鳗鲡习性相似。海南岛的南渡江、万泉河、太阳河等河口十月至翌年三月均有鳗苗出现，高峰期是12～2月，时间较广东大陆沿海河口早 1 个月。3 月间鳗苗体长已达 30～60 mm	与花鳗鲡相似
3	七丝鲚	广泛分布于印度、中国、日本等近海及河流，我国产于南海、台湾海峡及东海沿岸及河流	暖水性溯河洄游鱼类，也进入江河中下游江段。食物组成以 1 龄鱼为主，其中以桡足类最为重要。七丝鲚当年便成熟杯卵，每年 2～4 月和 8～9 月各繁殖 1 次。繁殖季节成群洄游至江河，在沙底水流缓慢处分批产卵	在南渡江、望楼河等河口采集到，数量极少
4	台细鳊	分布于我国台湾、海南、珠江水系	生活于水质清澈的缓流或静水的小河、小溪中	在昌化江石碌水库尾以上流水河段采集到 12 尾，可能在海南岛各河流上游有一定种群规模
5	青鳉	中国东部、朝鲜西部及日本本州等，在我国华南、华东各省、东北各省均有分布	集群生活于淡水水域表层的小型鱼类，喜栖息于水草丛生，体长为 20～26 mm。主食浮游动物，亦食鱼卵、鱼苗。产卵期为 4 月下旬到 7 月中旬，体长在 17 毫米左右的个体怀卵量为 180～250 粒。一次可产 6～30 粒	在局部受干扰较小的小型静水水体中可能有一定种群
6	海南长臀鮠	海南岛南渡江、昌化江、万泉河水系，云南元江水系	河溪底层鱼类，喜清澈流水环境。善游、以虾类、小鱼等为食。生殖期在 6 月中上旬开始	原为产地次要经济鱼类，个体较大、肉味鲜美。由于过度捕捞及生境破坏，分布范围缩小，种群规模下降，在南渡江龙塘坝下采集到少量样品
7	海南异鱲	分布于海南岛南渡江、昌化江、万泉河等河流	对于栖息环境具有较高的要求，喜在水流清澈的水体中活动，一般多在河流的小支流、小溪中游弋，食小鱼、虾。小型凶猛鱼类，觅食、食小鱼、虾	小型稀有鱼类，估计在河流上游有一定种群规模
8	大鳞白鲢	海南岛南渡江及中越南红河水系	多栖息于水流缓慢，水质较肥，浮游生物丰富的开阔水面，进入繁殖季节，当降雨，水位上涨时，则集群至江河上游做产卵洄游，进行自然繁殖。在生殖季节，当降雨或水涨时，集群上溯产卵，生殖盛期为 6 月，有时可延至 8 月中旬	1970 年前，大鳞白鲢在较涛水库年产量10 万～25 万kg，后来由于水库建设的一座小型水库大坝破坏了大鳞白鲢的产卵场，导致其资源衰竭，目前大鳞白鲢已难以发现

续表

序号	种类	分布	生态习性	资源现状
9	锯齿海南鳘	分布于海南岛南渡江、昌化江、万泉河等河流	生活在清澈水体，喜在水体上层活动	属于稀有种类，资源现状不详
10	小银䱀	分布于海南岛南渡江、昌化江、万泉河等河流	生活在江河小支流和池塘等小水体中，栖息条件为静水或微流水环境的浅水地带	现状调查在昌化江乐东、石碌坝下，春江上游采集到少量个体
11	无斑蛇鮈	分布于海南岛南渡江水系	生活于水体底层	在南渡江中下游有少量分布
12	大鳞光唇鱼	分布于海南岛昌化江水系	喜栖息于石砾底质，水清流急之河溪中，常以下颌发达之角质层刮食石块上的苔鲜及藻类。在浅水急流中产卵	在昌化江上游及主要支流上游水生境中可能有少量分布
13	盆唇华鲮	分布于海南岛各水系	营生活在水流较急的清澈、多岩石的江河深水处或山涧溪流中，营底栖生活，以着生藻类和有机物碎屑为食	在海南岛主要河流的上游河段可能有少量分布
14	海南瓣结鱼	分布于海南岛各水系	底栖流水性鱼类，杂食性	在海南岛主要河流的上游流水河段可能有少量分布
15	海南墨头鱼	分布于海南岛昌化江、万泉河等水系	底栖流水性鱼类，杂食性	在海南岛主要支流及上游流水河段可能有少量分布
16	保亭近腹吸鳅	仅分布于海南岛保亭县陵水河的山溪中	栖息于水质清澈的流水，常在山溪小支流，尤其是具有泉水的山涧溪流，以藻类为食，个体很小，体长30 mm即达性成熟	估计数量极少，具体不详
17	琼中拟平鳅	分布于海南岛各水系	底栖流水性鱼类，杂食性	可能在万泉河等上游水生境中有一定种群
18	海南原缨口鳅	分布于海南岛昌化江水系	底栖流水性鱼类，杂食性	可能在昌化江及主要支流上游有少量分布
19	海南纹胸鮡	分布于海南岛南渡江、万泉河等水系	底栖性小型鱼类，适应山溪流水生活，主要以底栖动物为食。产卵期在4月中下旬	可能在南渡江、万泉河等上游河流有少量
20	弓背青鳉	分布于海南岛、越南	小型鱼类，栖息于水塘、水塘和流速缓慢的溪流。卵胎生，3月开始产卵，一年多次产卵	可能在丘陵和平原区域的静缓流小水体中有一定种群
21	高体鳜	分布于海南岛南渡江水系	多生活于山地急流，底质为砾石的清水环境，肉食性，以小鱼、小虾等为食	在南渡江迈湾、松涛库尾以上等流水江段有少量分布
22	海南黄黝鱼	分布于海南岛万泉河水体	小型鱼类，栖息于水潭、水塘等静缓流水体	可能在万泉河中下游静缓流小水体
23	项鳞吻虾虎鱼	分布于海南岛各水系	暖水性底层鱼类，栖息于淡水河川中	在南渡江、昌化江、万泉河、藤桥河等河流上游可能有一定种群分布
24	多鳞枝牙鰕虎	分布于海南岛陵水河下游及河口	主要栖息于清澈流水，砂和砾石底质的溪流中	在陵水河上游溪流中可能有一定种群分布

捞个体。花鳗鲡种群小，而鳗鲡的人工繁殖目前还是一个没有攻克的一个难题，因而有关花鳗鲡的研究，大多只是一些调查性与基础研究。

中国水产科学研究院珠江水产研究所 2016 年在海南岛南渡江迈湾水利枢纽工程水生生态调查与评价专题报告中，在谷石滩库中采集到花鳗鲡，这次调查在龙塘坝下采集到花鳗鲡，可见目前已建大坝对花鳗鲡等洄游鱼类产生了阻隔影响，特别是龙塘水电站将大部分洄游性鱼类和河口鱼类阻隔于坝下。

2. 日本鳗鲡

日本鳗鲡为降河洄游种类，海洋出生，淡水成长，最后又回到海洋的出生地繁殖并结束一生。在河流、湖沼、水库淡水水域生活时，白天潜藏于石缝、岩洞和泥土中，夜间出来活动。具有洄游习性，性成熟的亲鱼在秋季降河入海，于深海处生殖，产卵后死亡；受精卵在海洋中孵化，仔鳗脱膜后向大陆方向漂游，并在漂游中变态，靠近河口后溯水进入亲鱼曾经生活过的江河湖泊；性凶猛，好动，贪食；喜光照，喜流水，喜温暖；善游泳又善钻洞，常穴居潜藏。具有皮肤、单鳃、冬眠式呼吸等三种特殊的呼吸方式。广盐性，海、淡水均能生活。适宜生长水温 13～30 ℃，致死水温的下限为 0 ℃。海南岛的南渡江、万泉河、太阳河等河口十月至翌年三月均有鳗苗出现，高峰期是每年 12 月至次年 2 月，时间较广东大陆沿海河口早 1 个月，3 月间鳗苗体长已达 30～60 mm。

3. 七丝鲚

七丝鲚为暖水性溯河洄游鱼类，栖息于浅海中上层及河口，也进入江河中下游江段。食物以甲壳类为主，其中以桡足类最为重要。七丝鲚群体组成以 1 龄鱼为主，亲鱼当年便成熟怀卵，每年 2～4 月和 8～9 月各繁殖 1 次。繁殖季节成熟个体成群洄游至江河，在沙底水流缓慢处分批产卵（图 4.1.3）。

图 4.1.3　七丝鲚

4. 大鳞鲢

据《中国动物志 硬骨鱼纲 鲤形目（中卷）》（陈宜瑜，1998）记载，大鳞鲢分布于我国海南岛南渡江及越南红河水系，因此大鳞鲢为南渡江特有种。它具有含脂率高、生长快、肥满度大、躯干部分大等优良经济性状。体呈银白色，背部色稍暗，偶鳍呈白色。大鳞鲢白天栖息于深水阴凉的地方，夜间游于水面觅食。较之其他白鲢，它具有头小、背高、躯干部分大、肥满度大、含脂率高的特点。

大鳞鲢平时多栖息于水流缓慢，水质较肥，浮游生物丰富的开阔水面；进入繁殖季节后，当降雨、水位上涨时，则集群至江河上游做产卵洄游，进行自然繁殖。在生殖季节，当降雨或水涨时，集群上溯产卵，生殖盛期为 6 月，有时可延至 8 月中旬。根据《松涛水库渔业生产连年滑坡的原因和对策》记录，1970 年前，大鳞白鲢在松涛水库年产量 100～250 t。

5. 海南长臀鮠

海南长臀鮠属鲇形目，长臀鮠科，长臀鮠属。俗称：骨鱼、枯鱼。体长，侧扁，背鳍起点为体最高处。头平扁，略呈三角形，背面骨粗糙裸露。吻突出，钝圆。口近端位，弧形，上颌略突出。上颌齿带横列，中间有裂缝；下颌齿带明显，分为左右两块；齿绒状。两鼻孔相隔较远；前鼻孔近吻端，呈短管状；后鼻孔有 1 发达的鼻须，鼻须一般伸达眼后缘，个别略超过或仅至眼中心。上颌须 1 对，一般伸达胸鳍刺的 1/2～4/5，较小个体可达胸鳍刺的末端。下颌须 2 对，下颏外侧须一般达胸鳍起点，下颏内侧须可达峡凹部。鳃孔大，鳃膜游离。匙骨后端尖形。体无鳞。侧线直线形。背鳍很高，尖刀形，位于体背前部，硬刺的后缘和前缘的上部具弱锯齿；脂鳍短，后端游离；臀鳍很长，臀鳍条 26～34；胸鳍位低，后伸不达腹鳍；腹鳍位于背鳍基后，伸达臀鳍；尾鳍尖叉状，体背侧橄榄色，腹侧乳白色。鳍灰白，基部黄色（图 4.1.4）。

图 4.1.4　海南长臀鮠

长臀鮠为亚热带山麓河溪底层鱼类，喜清澈流水环境。善游，性贪食，以虾类、小鱼、底栖水生昆、小型贝类等为主食。长臀鮠为珠江水系特产种，主要分布于广西的左江、右江、红水河、邕江、郁江、黔江、浔江、西江、桂江，广东的北江，贵州的南盘江。海南岛的长臀鮠为另一亚种。

6. 台细鳊

台细鳊，体长而侧扁，背缘隆起，自腹鳍基部至肛门之间具腹棱。侧线完全或断续，前半段下弯。生活于缓流或静水水体，数量少。

体呈长棱形，侧扁，头后背不显著隆起，腹鳍基至肛门具棱。头小，尖细。吻短而钝，突出。口亚上位，斜裂。无须。眼大，位于头中央偏前。鳞薄而易脱落。侧线位于体中轴之下，前端微下弯，侧线鳞45～47个。背鳍位后；胸鳍末端尖；腹鳍短；臀鳍条多，基部长；尾鳍深叉状。体背灰色，下侧面和腹部银白，体侧中轴有灰色纵纹，尾鳍灰色，其他鳍微透明。

主要分布在台湾地区，此外，在海南岛部分水系、广西钦州（钦江）、广西藤县至云南罗平县的西江中也有分布。近年来由于南方的小河溪受自然和人为因素的作用，造成原有环境条件的改变，使台细鳊的生长、繁殖受到很大的影响。

7. 小银鮈

小银鮈，体稍长且高，前部略粗壮，腹部圆，尾柄细长。头小。吻端尖。口小，亚下位，深弧形。唇薄。无须。眼大。侧线平直，侧线鳞33～34个。背鳍无硬刺；胸、腹鳍短，末端尖；尾鳍深叉。体浅灰色，背部深，腹部略带肉红，背中线有铅黑细纹，体中轴有黑纵纹，后段明显。背、尾鳍具黑纹，其他鳍灰白色（图4.1.5）。

生活在江河小支流和池塘等小水体中，栖息条件为静水或微流水环境的浅水地带。

图 4.1.5 小银鮈

4.2 海南岛鱼类资源现状调查

4.2.1 南渡江

鱼类调查主要在南开河、松涛水库、迈湾、澄迈、定安、东山、龙塘等7个河段进行。

1. 渔获物情况

2016年5月，在南叉河、松涛水库、迈湾、澄迈、金江、定安、龙塘坝下等7个江段，通过购买当地渔民渔获物的方式，共采集到鱼类60种，30 233.1 g，712尾（表4.2.1）。

表 4.2.1 南渡江渔获物统计

序号	种类	尾数	尾数百分比/%	重量/g	重量百分比/%	体长/mm		体重/g		南义河	松涛水库	迈湾	澄迈	金江	定安	龙塘坝下
						体长范围	平均体长	体重范围	平均体重							
1	鳘	192	26.97	1 443.1	4.77	35~190	82.2	0.6~73.8	7.5		√	√	√	√	√	
2	尼罗罗非鱼	66	9.27	688.3	2.28	40~190	77.2	2.7~204.8	10.4		√	√	√	√	√	
3	马口鱼	37	5.20	159.7	0.53	45~96	65.9	1.6~14.8	4.3		√	√		√		
4	蒙古鲌	32	4.49	1 715.5	5.67	125~222	161.3	20.3~130.1	53.6			√	√		√	
5	红鳍原鲌	30	4.21	383.2	1.27	69~201	97.0	4.1~104.9	12.8		√	√	√		√	
6	唇鲮	23	3.23	928.0	3.07	110~175	137.1	10.9~129	40.3	√		√			√	
7	彩虹光唇鱼	22	3.09	292.9	0.97	58~145	85.1	3.5~48.3	13.3			√	√			
8	海南长臀鮠	20	2.81	1 335.0	4.42	125~230	160.1	34.2~239.3	66.8						√	√
9	子陵吻鰕虎鱼	20	2.81	18.0	0.06	35~45	40.1	0.4~2.1	0.9	√						
10	鲫	18	2.53	1 472.3	4.87	56~190	123.7	6.8~204.2	81.8	√		√	√	√	√	
11	拟细鲫	17	2.39	99.1	0.33	53~78	65.1	2.8~8.4	5.8	√						
12	纹唇鱼	15	2.11	518.6	1.72	65~142	100.0	9~56.1	34.6	√					√	
13	短吻吻鰕虎鱼	15	2.11	111.3	0.37	60~84	70.3		7.4							√
14	鲮	14	1.97	2 420.7	8.01	160~280	195.0	77~505.5	172.9			√	√		√	
15	须鲫	14	1.97	1 152.6	3.81	85~180	132.0	16.6~204.2	82.3		√	√	√			
16	马那瓜丽体鱼	13	1.83	994.7	3.29	80~230	119.2	16.1~334.1	76.5		√	√			√	
17	细尾白甲鱼	12	1.69	133.4	0.44	58~116	87.4	3.4~21.4	11.1	√		√				
18	南方拟鳘	12	1.69	82.6	0.27	76~95	78.5	5.2~13.2	6.9	√		√		√		
19	海南鲌	11	1.54	2 247.2	7.43	130~460	235.9	21.5~1092.1	204.3		√	√	√			
20	似鳡	11	1.54	71.2	0.24	70~84	75.0	4.5~9.4	6.5	√						

续表

序号	种类	尾数	尾数百分比/%	重量/g	重量百分比/%	体长/mm 体长范围	平均体长	体重/g 体重范围	平均体重	南叉河	松涛水库	迈湾	澄迈	金江	定安	龙塘坝下
21	尖头塘鳢	10	1.40	523.1	1.73	110~160	130.5	30.5~98.6	52.3		√				√	
22	银鮈	9	1.26	222.3	0.74	102~158	119.9	14.7~48.5	24.7		√		√			
23	黄尾鲴	7	0.98	1 200.2	3.97	170~235	202.1	90.8~282.9	171.5			√			√	
24	双舌鰕虎鱼	7	0.98	62.2	0.21	71~110	81.8	5.9~13.3	8.9				√			√
25	中间黄颡鱼	6	0.84	407.6	1.35	120~190	156.3	26.9~128.5	67.9						√	
26	攀鲈	5	0.70	360.6	1.19	135~140	136.0	50.6~82.1	72.1						√	√
27	月鳢	5	0.70	146.3	0.48	120~160	137.0	17.2~41.9	29.3			√				
28	美丽小条鳅	5	0.70	21.9	0.07	46~67	61.2	1.6~5.7	4.4	√						
29	鲤	4	0.56	1 686.9	5.58	200~360	253.8	162.2~986.7	421.7				√		√	
30	光倒刺鲃	4	0.56	174.4	0.58	90~180	126.3	15.9~90.6	43.6	√			√		√	
31	奥利亚罗非鱼	4	0.56	81.4	0.27	75~100	86.5	12.5~35	20.4	√		√			√	
32	暗斑银鮈	4	0.56	35.5	0.12	52~100	73.5	2.2~17.3	8.9			√	√			
33	斑鳢	3	0.42	597.0	1.97	185~220	201.7	122.6~308.5	199.0				√		√	
34	胡子鲇	3	0.42	242.2	0.80	160~218	182.7	45.6~124.1	80.7	√			√		√	
35	大刺鳅	3	0.42	155.7	0.51	170~315	251.0	13.5~97.8	51.9							√
36	翘嘴鲌	2	0.28	454.0	1.50	220~325	272.5	87.6~366.4	227.0			√			√	
37	鲇	2	0.28	444.1	1.47	275~325	300.0	184.9~259.2	222.1				√		√	
38	黄鳝	2	0.28	218.1	0.72	52~430	241.0	61.2~156.9	109.1			√			√	
39	赤眼鳟	2	0.28	216.2	0.72	170~190	180.0	74.6~141.6	108.1			√			√	
40	南方白甲鱼	2	0.28	147.7	0.49	125~168	146.5	38.2~109.5	73.9						√	

续表

序号	种类	尾数	尾数百分比/%	重量/g	重量百分比/%	体长/mm		体重/g		南叉河	松涛水库	迈湾	澄迈	金江	定安	龙塘坝下
						体长范围	平均体长	体重范围	平均体重							
41	斑鳢	2	0.28	59.1	0.20	60~160	110.0	2.9~56.2	29.6	√		√				
42	东方墨头鱼	2	0.28	56.2	0.19	80~130	105.0	19~37.2	28.1			√			√	
43	中国少鳞鳜	2	0.28	33.7	0.11	85~94	89.5	16~17.7	16.9			√				
44	南鳢	2	0.28	24.9	0.08	88~95	91.5	11.5~13.4	12.5	√						
45	七丝鲚	2	0.28	18.7	0.06	135~136	135.5	9.2~9.5	9.4						√	
46	伍氏华吸鳅	2	0.28	8.8	0.03	46~60	53.0	3~5.8	4.4	√						
47	叉尾斗鱼	2	0.28	8.6	0.03	38~61	49.5	3~5.6	4.3					√	√	
48	花鳠	2	0.28	3.6	0.01	50~51	51.0	1.7~1.9	1.8							
49	光唇鱼	2	0.28	2.1	0.01	30~37	33.5	0.9~1.2	1.1	√						
50	鲢	1	0.14	3 200.0	10.58	520	520.0	3 200.0	3 200.0		√					
51	鳙	1	0.14	2 344.3	7.75	480	480.0	2 344.3	2 344.3			√				
52	倒刺鲃	1	0.14	540.6	1.79	300	300.0	540.6	540.6							
53	花鳗鲡	1	0.14	144.8	0.48	450	450.0	144.8	144.8						√	√
54	海南华鳊	1	0.14	54.9	0.18	145	145.0	54.9	54.9						√	
55	泥鳅	1	0.14	29.5	0.10	150	150.0	29.5	29.5							
56	海南拟鳌	1	0.14	18.6	0.06	110	110.0	18.6	18.6			√				
57	大鳍鱼	1	0.14	12.0	0.04	80	80.0	12.0	12.0			√				
58	疏斑小鲃	1	0.14	4.5	0.01	55	55.0	4.5	4.5	√						
59	横纹南鳅	1	0.14	2.2	0.01	51	51.0	2.2	2.2				√			
60	黄颡鱼	1	0.14	1.2	0.00	20	20.0	1.2	1.2			√				
	合计	712	100	30 233	100					17	12	24	17	6	29	7

注：百分比进行了修约，所相加不为100%

1）南开河

南开河为南渡江上游源头，水电梯级开发较少，植被良好，水质清澈，且支流众多，生境多样性高，鱼类种类丰富。该河段渔获物收购自当地渔民捕捞的鱼类，共计983.2 g、129尾，经鉴定为19种，种类丰富，均为山溪中小型鱼类，且绝大部分为流水性鱼类。其中马口鱼、虹彩光唇鱼、拟细鲫尾数百分比较高，分别占24.81%、16.28%、13.18%（表4.2.2）。

表4.2.2　南开河渔获物统计

序号	种类	尾数	尾数百分比/%	重量/g	重量百分比/%	体长/mm 范围	体长/mm 均值	体重/g 范围	体重/g 均值
1	马口鱼	32	24.81	131.3	13.35	45～92	65.6	1.6～13.5	4.1
2	虹彩光唇鱼	21	16.28	244.6	24.88	58～105	82.3	3.5～23.3	11.6
3	拟细鲫	17	13.18	99.1	10.08	53～78	65.1	2.8～8.4	5.8
4	南方拟鳘	12	9.30	82.6	8.40	66～95	78.5	4.8～13.2	6.9
5	似鲌	11	8.53	71.2	7.24	70～84	75.0	4.5～9.4	6.5
6	细尾白甲鱼	11	8.53	126.8	12.90	58～116	89.0	3.4～21.4	11.5
7	美丽小条鳅	5	3.88	21.9	2.23	46～67	61.2	1.6～5.7	4.4
8	越南鲇	3	2.33	49.4	5.02	123～135	128.0	13.6～19.2	16.5
9	暗斑银鮈	2	1.55	5.2	0.53	20～57	54.5	2.2～3.0	2.6
10	唇䱛	2	1.55	53.2	5.41	125～154	139.5	25.4～27.8	26.6
11	光唇鱼	2	1.55	2.1	0.21	30～37	33.5	0.9～1.2	1.1
12	光倒刺鲃	2	1.55	36.2	3.68	90～100	95.0	15.9～20.3	18.1
13	南鳢	2	1.55	24.9	2.53	88～95	91.5	11.5～13.4	12.5
14	伍氏华吸鳅	2	1.55	8.8	0.90	46～60	53.0	3～5.8	4.4
15	斑鳢	1	0.78	2.9	0.29	60	60.0	2.9	2.9
16	大刺鳅	1	0.78	13.5	1.37	170	170.0	13.5	13.5
17	横纹南鳅	1	0.78	2.2	0.22	51	51.0	2.2	2.2
18	鲫	1	0.78	2.8	0.28	56	56.0	6.8	6.8
19	疏斑小鲃	1	0.78	4.5	0.46	55	55.0	4.5	4.5
	合计	129	100.00	983.2	100.00				

注：百分比进行了修约，所以加和不为100%

2）松涛水库

于白沙县牙叉镇松涛水库一渔船码头收购渔民渔获物8 529.7 g、124尾，经鉴定为12种，其中鳘、鲮、须鲫、银鲴、海南鲌等尾数百分比较高，分别占55.65%、8.87%、7.26%、7.26%、6.45%；重量百分比较高的有海南鲌、鲮、纹唇鱼，重量百分比分别为37.52%、25.20%、13.66%。渔获物种类组成中全部为静水性鱼类（表4.2.3）。

表 4.2.3　松涛水库渔获物统计

序号	种类	尾数	尾数百分比/%	重量/g	重量百分比/%	体长/mm		体重/g	
						范围	均值	范围	均值
1	鳘	69	55.65	404.8	4.75	50～170	88.8	1.2～18.6	5.9
2	鲮	11	8.87	2 149.0	25.20	220～460	268.8	115.3～1 092.1	268.7
3	须鲫	9	7.26	10.0	0.12	69～81	75.0	4.2～5.8	5.0
4	银鮈	9	7.26	378.6	4.44	200～210	205.0	162.2～216.4	189.3
5	海南鲌	8	6.45	3 200.0	37.52	520	520.0	3 200.0	3 200.0
6	纹唇鱼	8	6.45	1 165.0	13.66	160～195	176.8	77～136.2	105.9
7	马口鱼	3	2.42	22.6	0.26	48～96	73.0	1.7～14.8	7.5
8	红鳍原鲌	2	1.61	204.8	2.40	190	190.0	204.8	204.8
9	乌塘鳢	2	1.61	291.0	3.41	70～142	92.4	9～35.8	36.4
10	鲤	1	0.81	108.3	1.27	110～145	127.5	30.5～77.8	54.2
11	鲢	1	0.81	373.3	4.38	85～130	110.3	18～68.3	41.5
12	尼罗罗非鱼	1	0.81	222.3	2.61	102～158	119.9	14.7～48.5	24.7
	合计	124	100.00	8 529.7	100.00				

注：百分比进行了修约，所以加和不为 100%

3）迈湾

该江段渔获物购买自屯昌县南坤镇合水村渔民，共计 5 736.1 g、85 尾，经鉴定为 24 种，种类组成十分丰富。渔获物中尾数百分比较高的有蒙古鲌、唇鲭分别占 23.53%、22.35%；重量百分比较高的有蒙古鲌、须鲫，分别占 23.15%、13.13%（表 4.2.4）。

表 4.2.4　南渡江迈湾江段渔获物统计

序号	种类	尾数	尾数百分比/%	重量/g	重量百分比/%	体长/mm		体重/g	
						范围	均值	范围	均值
1	蒙古鲌	20	23.53	1 328.0	23.15	140～222	172.9	33.8～130.1	66.4
2	唇鲭	19	22.35	661.9	11.54	110～160	134.2	10.9～78.5	34.8
3	淡水石斑鱼	8	9.41	338.1	5.89	80～130	101.4	19～98.3	42.3
4	鲫	6	7.06	453.1	7.90	81～150	119.3	17.9～132.3	75.5
5	月鳢	5	5.88	146.3	2.55	120～160	137.0	17.2～41.9	29.3
6	纹唇鱼	4	4.71	149.9	2.61	110～125	118.8	34.2～39.8	37.5
7	须鲫	4	4.71	752.9	13.13	170～180	177.5	172.4～204.2	188.2
8	东方墨头鱼	2	2.35	56.2	0.98	80～130	205.0	19.0～37.2	28.1
9	高体鳑	2	2.35	33.7	0.59	85～94	89.5	16.0～17.7	16.9
10	暗斑银鮈	1	1.18	30.3	0.53	85～100	92.5	13.0～17.3	15.2

序号	种类	尾数	尾数百分比/%	重量/g	重量百分比/%	体长/mm		体重/g	
						范围	均值	范围	均值
11	斑鳢	1	1.18	308.5	5.38	185	185	308.5	308.5
12	斑鱯	1	1.18	56.2	0.98	160	160	56.2	56.2
13	鳘	1	1.18	48.0	0.84	170	170	48.0	48.0
14	赤眼鳟	1	1.18	74.6	1.30	170	170	74.6	74.6
15	大鳍鱊	1	1.18	12.0	0.21	80	80	12.0	12.0
16	倒刺鲃	1	1.18	540.6	9.42	300	300	540.6	540.6
17	海南鲌	1	1.18	48.7	0.85	175	175	48.7	48.7
18	海南拟鳘	1	1.18	18.6	0.32	110	110	18.6	18.6
19	红鳍原鲌	1	1.18	104.9	1.83	206	206	104.9	104.9
20	虹彩光唇鱼	1	1.18	48.3	0.84	145	145	48.3	48.3
21	黄颡鱼	1	1.18	1.2	0.02	20	20	1.2	1.2
22	黄鳝	1	1.18	156.9	2.74	520	520	156.9	156.9
23	鲮	1	1.18	295.4	5.15	240	240	295.4	295.4
24	乌塘鳢	1	1.18	71.8	1.25	120～130	125	32.7～39.1	35.9
	合计	85	100.00	5 736.1	100.00				

注：百分比进行了修约，所以加和不为100%

4）澄迈

在澄迈县城市场收购当地渔民捕捞自南渡江的渔获物，共计3 895.3 g、31尾，经鉴定为15种，尾数百分比较高的有蒙古鲌、鲫，分别占35.48%、9.68%；重量百分比较高的有黄尾鲴、鲫，分别占13.8%、8.74%（表4.2.5）。

表4.2.5　南渡江澄迈江段渔获物统计

序号	种类	尾数	尾数百分比/%	重量/g	重量百分比/%	体长/mm		体重/g	
						范围	均值	范围	均值
1	蒙古鲌	11	35.48	318.6	8.18	125～155	138.5	20.3～39	29.0
2	鲫	3	9.68	340.5	8.74	150～160	153.3	105.1～119.9	113.5
3	海南鲌	2	6.45	49.3	1.27	130～140	135.0	21.5～27.8	24.7
4	黄尾鲴	2	6.45	537.7	13.80	230～235	232.5	254.8～282.9	268.9
5	尼罗罗非鱼	2	6.45	289.1	7.42	160～165	162.5	141.2～147.9	144.6
6	乌塘鳢	2	6.45	157.8	4.05	130～160	145.0	59.2～98.6	78.9
7	斑鳢	1	3.23	165.9	4.26	220	220.0	165.9	165.9
8	大刺鳅	1	3.23	97.8	2.51	300	300.0	97.8	97.8
9	光倒刺鲃	1	3.23	90.6	2.33	180	180.0	90.6	90.6

续表

序号	种类	尾数	尾数百分比/%	重量/g	重量百分比/%	体长/mm		体重/g	
						范围	均值	范围	均值
10	红鳍原鲌	1	3.23	33.1	0.85	136	136	33.1	33.1
11	鲤	1	3.23	986.7	25.33	360	360	986.7	986.7
12	鲮	1	3.23	455.0	11.68	280	280	455.0	280.0
13	鲇	1	3.23	259.2	6.65	325	325	259.2	259.2
14	翘嘴鲌	1	3.23	87.6	2.25	220	220	87.6	87.6
15	须鲫	1	3.23	26.4	0.68	145	145	26.4	26.4
	合计	31	100.00	3 895.3	100.00				

5）金江

收集了东山镇以上约 3 km、永发镇附近江段当地渔民电捕的渔获物，电捕时间约 1 h，渔获物共计 229.4 g、169 尾，经鉴定为 6 种，分别为鳘、尼罗罗非鱼、子陵鰕虎鱼、花鳍、马口鱼、细尾白甲鱼。

该河段受上游金江水电站调节及降水量较少的影响，水量较小，水深较浅，几乎可涉水而过。该江段周边城镇较密集，生活垃圾堆弃在河道边、污水直排入河道，河道中挖沙现象也比较严重。该江段渔获物不管是量还是种类都极少，且绝大部分都是鳘、尼罗罗非鱼等静水性且耐受性较强的种类（表 4.2.6）。

表 4.2.6 南渡江金江江段渔获物统计

序号	种类	尾数	尾数百分比/%	重量/g	重量百分比/%	体长/mm		体重/g	
						范围	均值	范围	均值
1	鳘	83	49.11	49.6	21.62	35～50	43.3	0.6～1.5	1.0
2	尼罗罗非鱼	61	36.09	145.8	63.56	43～55	45.8	2.7～7.4	2.4
3	子陵鰕虎鱼	20	11.83	18.0	7.85	35～45	40.9	0.5～2.1	0.9
4	花鳍	2	1.18	3.6	1.57	50～51	50.5	1.7～1.9	1.8
5	马口鱼	2	1.18	5.8	2.53	50～63	56.5	1.8～4.0	2.9
6	细尾白甲鱼	1	0.59	6.6	2.88	70.0	70.0	6.6	6.6
	合计	169	100.00	229.4	100.00				

注：百分比进行了修约，所以加和不为 100%

6）定安

在定安县城市场收集当地渔民捕捞自南渡江的渔获物，共计 9017.8g、125 尾，经鉴定为 29 种，其中鳘、红鳍原鲌尾数百分比较高，分别占 28.00%、20.80%；重量百分比较高的有鳙、鳘，分别占 26.00%、8.94%（表 4.2.7）。

表 4.2.7 南渡江定安江段渔获物统计

序号	种类	尾数	尾数百分比/%	重量/g	重量百分比/%	体长/mm 范围	均值	体重/g 范围	均值
1	鲞	35	28.00	806.2	8.94	56~120	84.6	1.6~16.9	23
2	红鳍原鲌	26	20.80	235.2	2.61	65~108	93	2.6~15.8	9
3	鲫	8	6.40	671.9	7.45	70~190	124.4	9.1~204.2	84
4	中间黄颡鱼	6	4.80	407.6	4.52	120~190	156.3	26.9~128.5	67.9
5	淡水石斑鱼	5	4.00	656.6	7.28	90~230	147.6	16.1~334.1	131.3
6	黄尾鲴	5	4.00	662.5	7.35	170~230	190	90.8~184.9	132.5
7	奥里亚罗非鱼	4	3.20	81.4	0.90	75~100	86.5	12.5~35	20.4
8	攀鲈	4	3.20	310	3.44	135~140	136.3	69.8~82.1	77.5
9	乌塘鳢	4	3.20	185.2	2.05	115~135	127.5	36.5~50.3	46.3
10	纹唇鱼	3	2.40	77.7	0.86	65~135	95.3	9.5~56.1	25.9
11	叉尾斗鱼	2	1.60	8.6	0.10	38~61	49.5	3~5.6	4.3
12	唇鲭	2	1.60	212.9	2.36	150~175	162.5	83.9~129	106.5
13	胡子鲇	2	1.60	196.6	2.18	170~218	194	72.5~124.1	98.3
14	南方白甲鱼	2	1.60	147.7	1.64	125~168	146.5	38.2~109.5	73.9
15	尼罗罗非鱼	2	1.60	48.6	0.54	85~100	92.5	24.7~23.9	24.3
16	七丝鲚	2	1.60	18.7	0.21	135~136	135.5	9.2~9.5	9.4
17	斑鳢	1	0.80	122.6	1.36	200	200	122.6	122.6
18	赤眼鳟	1	0.80	141.6	1.57	190	190	141.6	141.6
19	光倒刺鲃	1	0.80	47.6	0.53	135	135	47.6	47.6
20	海南华鳊	1	0.80	54.9	0.61	145	145	54.9	54.9
21	海南长臀鮠	1	0.80	41.4	0.46	150	150	41.4	41.4
22	黄鳝	1	0.80	61.2	0.68	430	430	61.2	61.2
23	鲤	1	0.80	321.6	3.57	245	245	321.6	321.6
24	鲮	1	0.80	505.5	5.61	265	265	505.5	505.5
25	蒙古鲌	1	0.80	68.9	0.76	180	180	68.9	68.9
26	泥鳅	1	0.80	29.5	0.33	150	150	29.5	29.5
27	鲇	1	0.80	184.9	2.05	275	275	184.9	184.9
28	翘嘴鲌	1	0.80	366.4	4.06	325	325	366.4	366.4
29	鳙	1	0.80	2 344.3	26.00	480	480	2 344.3	23 44.3
	合计	125	100.00	9 017.8	100.00				

注：百分比进行了修约，所以加和不为100%

7）龙塘坝下

在龙塘坝下江段收购渔民渔获物，共计 1 752.9 g、45 尾，经鉴定为 7 种，分别为海南长臀鮠、短吻栉鰕虎鱼、双舌鰕虎鱼、大刺鳅、胡子鲇、花鳗鲡、攀鲈，为鲇形目、鲈形目、鳗鲡目鱼类，无鲤形目鱼类，且短吻栉鰕虎鱼、双舌鰕虎鱼、攀鲈均为近河口鱼类，花鳗鲡为河海洄游鱼类。说明龙塘大坝对河流的阻隔作用明显，鱼类种类丰富的鲤形目等平原河流鱼类被阻隔于坝上，而河口和洄游性鱼类等被阻隔于坝下[图 4.2.1（a）]。

通过现场调查及对渔民的走访同样也可看出大坝阻隔对鱼类的影响。图 4.2.1（a）显示龙塘大坝，由于大坝的阻隔，很多鱼类集中于坝下无法上溯，近坝江段的鱼类密度较大，同时渔民的捕捞强度也较大，坝下集中了大量渔船[图 4.2.1（b）]，图 4.2.1（c），密密麻麻的漂浮物下即是地笼的记号，河面下布满了地笼。图 4.2.1（d）是停靠的一艘电捕渔船。当地渔民也反映大坝阻隔后鱼类资源下降明显，随着鱼类资源下降，渔民渔获量减少，迫使渔民采用高效甚至非法的捕捞工具，过度捕捞现象严重，同时也加快了鱼类资源下降，形成恶性循环。

（a）龙塘大坝

（b）龙塘大坝坝下

（c）地笼放置点

（d）电鱼船

图 4.2.1　龙塘坝下水生生态调查断面生境图

从渔获物统计来看，海南长臀鮠、短吻栉鰕虎鱼在渔获物中的尾数百分比较高，分别为 42.22%、33.33%；渔获物重量百分比也是海南长臀鮠占绝对优势，占 73.81%（表 4.2.8）。

表 4.2.8　南渡江龙塘坝下江段渔获物统计

序号	种类	尾数	尾数百分比/%	重量/g	重量百分比/%	体长/mm		体重/g	
						范围	均值	范围	均值
1	海南长臀鮠	19	42.22	1 294.0	73.81	125～230	160.6	34.2～239.3	63.1
2	短吻栉鰕虎鱼	15	33.33	111.3	6.35	60～80	70.3	3.8～12.5	7.4
3	双舌鰕虎鱼	7	15.56	62.2	3.55	71～110	81.9	5.9～13.3	8.9
4	大刺鳅	1	2.22	44.4	2.53	258	258	44.4	44.4
5	胡子鲇	1	2.22	45.6	2.60	160	160	45.6	45.6
6	花鳗鲡	1	2.22	144.8	8.26	450	450	144.8	144.8
7	攀鲈	1	2.22	50.6	2.89	135	135	50.6	50.6
	合计	45	100.00	1 752.9	100.00				

注：百分比进行了修约，所以加和不为100%

2. 各采样江段鱼类多样性

通过对各采样江段渔获物中鱼类香农-维纳多样性指数、Pielou 均匀度指数、种类丰富度指数计算，结果见表 4.2.9、图 4.2.2。

表 4.2.9　南渡江流域各采样点鱼类多样性指数

序号	采样点	香农-维纳多样性指数 H'	Pielou 指数 J'	种类丰富度指数 D
1	南叉河	2.338 6	0.794 2	3.703 8
2	松涛水库	1.615 3	0.650 0	2.282 0
3	迈湾	2.499 6	0.786 5	5.177 1
4	澄迈	2.297 9	0.848 6	4.076 9
5	金江	1.105 0	0.616 7	0.985 2
6	定安	2.581 3	0.766 6	5.799 1
7	龙塘坝下	1.358 1	0.697 9	1.576 2

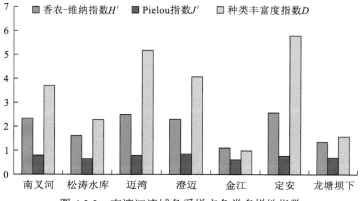

图 4.2.2　南渡江流域各采样点鱼类多样性指数

3. 鱼类重要生境

1）产卵场

南渡江流域的土著鱼类产卵类型主要分为两大类型：一是产黏沉性卵鱼类，如鲤形目的野鲮亚科、鲃亚科和鲇形目，以及鲈形目等鱼类；二是产漂流性卵鱼类，如大鳞鲢、鲢、鳙、草鱼、赤眼鳟、鲌亚科的一些种类等。

（1）产黏沉性卵鱼类产卵场。产黏沉性卵鱼类，其受精卵密度大于水，一般黏附于水草和砾石或沉于砾石缝中孵化。总体来讲，产黏沉性卵的鱼类对产卵场要求并不严格，一般在砾石、沙砾底质，流水浅滩处产卵，鱼类产卵后，受精卵落入石砾缝中，在河流流水的冲刷中顺利孵化，有些种类，如鳅科鱼类在河滩的掘沙砾成浅坑，产卵其中孵化。这些鱼类繁殖的生境条件较为普遍，相应这些鱼类产卵场也较为分散，一般规模不大。通过生境调查并结合鱼类资源调查结果来看，产黏沉性卵鱼类的产卵场主要分布于流速 0.5～1.5 m/s 的浅滩、支流等处，包括南开河及其支流、腰子河及其河口至谷石滩库尾干流、南坤河、金江坝下至龙塘库尾江段、龙塘坝下江段等。大塘河、龙州河、巡崖河等下游主要支流由于河口高程较低，受干流水位顶托，下游水流为静缓流状态，这些支流的中上游能够满足产黏沉性鱼类的产卵需求。另外，金江至龙塘库尾江段流水、水深、底质等基本上满足产黏沉性卵鱼类的繁殖要求，但该江段城镇密集，挖沙、过度捕捞等活动频繁，水污染也较严重，且东山引水工程在建，对鱼类产卵场破坏较为严重，该江段产卵规模可能较小而且分布比较零散。产卵场概况见表 4.2.10。

表 4.2.10 南渡江流域产黏沉性卵鱼类产卵场概况

序号	产卵河段（支流）	产卵场范围	生境概况	主要产卵鱼类
1	南开河及其支流	南开乡至元门乡约 20 km 南开河干流河段及南美河等支流下游及汇口	山区河流，两岸植被茂密，水质清澈，流速 1～1.5 m/s，底质为巨石、砾石、卵石、细砂相间，生境多样性高。	马口鱼、光唇鱼等鲤形目的鲃亚科、野鲮亚科、鲌亚科、鉤亚科，平鳍鳅科、鳅科及鲈形目鳢科、鲇形目鲇科等的小型鱼类
2	腰子河及其河口至谷石滩库尾干流	腰子河最下游一梯级至河口约 1.2 km，南渡江腰子河河口以下约 15 km	两岸植被茂密，水质清澈，流速 1 m/s 左右，底质为砾石、细砂。	唇鲮、纹唇鱼、东方墨头鱼、中国少鳞鳜、暗斑银鉤、斑鳢、斑鱯等
3	南坤河	河口以上约 6 km 河段	山区型溪流，流量较小，水流较平缓，底质以砂砾、细砂质为主。	鳅科、平鳍鳅科、纹唇鱼、东方墨头鱼等底层小型鱼类
4	金江坝下至龙塘库尾江段	定安县新坡镇附近 2 km 河段	河谷开阔，水流平缓，水深较浅，底质以卵石、砾石、细砂为主，但该河段挖沙、水污染、过度捕捞情况较严重。	黄颡鱼、光倒刺鲃、海南华鳊、海南长臀鮠等
5	大塘河	头龙村附近约 4 km 河段	河流蜿蜒曲折，多洲滩，生境多样性高	鲤形目的鲃亚科、野鲮亚科、鲌亚科、鉤亚科、平鳍鳅科、鳅科及鲈形目鳢科、鲇形目鲇科等的小型鱼类
6	龙州河	龙门镇至新竹镇附近约 8 km 河段	两岸植被良好，水质清澈，河流蜿蜒曲折，生境多样性高	
7	巡崖河	文策附近约 3 km 河段	两岸植被良好，河流蜿蜒曲折，多洲滩	

序号	产卵河段（支流）	产卵场范围	生境概况	主要产卵鱼类
8	龙塘坝下江段	海口市琼山区龙塘镇下游江东水厂附近约 3 km 河段	河谷开阔，多洲滩，水草丰茂，水流平缓，底质以细砂质为主。	海南长臀鮠、鰕虎鱼等河口鱼类

（2）产漂流性卵鱼类产卵场。产漂流性卵鱼类繁殖需要湍急的水流条件，通常在汛期洪峰发生后，在洪水刺激下产卵繁殖，受精卵比重略大于水，但卵膜吸水膨胀后，在水流的外力作用下，鱼卵悬浮在水层中顺水漂流，一般流速要求在 0.2 m/s 以上，否则受精卵会沉入水底死亡。因此，产漂流性卵鱼类的产卵场要求比较严格，一是需要有一定的洪峰刺激和较大流量的薮流环境；二是需要有足够长的流水河段提供受精卵的漂流孵化流程。目前仅迈湾江段和金江至龙塘库尾江段有较长的流水河段，迈湾江段现状多年平均流量 34.9 m³/s，金江到龙塘库尾江段多年平均流量 88.7 m³/s，可满足产漂流性卵鱼类产卵繁殖条件。产卵场概况见表 4.2.11、图 4.2.3。

表 4.2.11　南渡江流域产漂流性卵鱼类产卵场概况

序号	产卵河段	范围	生境概况	主要产卵鱼类
1	迈湾江段	松涛村至昆仑二十二队之间长约 8 km 的河段	两岸山势较陡峭，河道较窄，江心多巨石、洲滩，在洪水期能够形成较大的涨水过程和薮流，适宜产漂流性卵鱼类产卵繁殖	鲢、鳙、草鱼、鲌亚科和鮈亚科的部分种类，并可能有大鳞鲢
2	金江至龙塘库尾江段	福隆村至瑞溪镇约 5.5 km 河段	洲滩多，且部分河段狭窄、部分河段开阔，能够形成刺激产漂流性卵鱼类繁殖的薮流条件	鲢、鳙、草鱼、鲌亚科和鮈亚科的部分种类

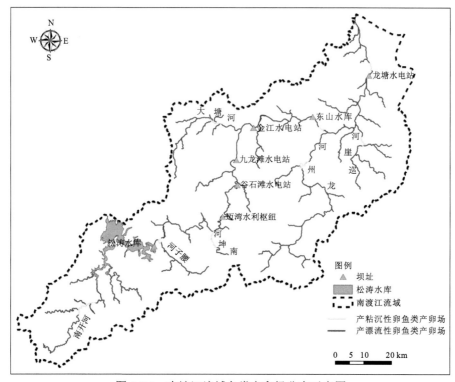

图 4.2.3　南渡江流域鱼类产卵场分布示意图

2）索饵场

鱼类索饵、育幼是鱼类生活史中一个非常关键的阶段，由于仔幼鱼期间，游泳能力差，主动摄食能力不强，抗逆性弱，因此，适宜的索饵、育幼环境是鱼类种群增长的必要条件。鱼类索饵、育幼场一般分布在宽谷河段，水流较平缓，水草丰茂，营养物质丰富的区域。总体上看，海南岛由于地处热带，生物生产力高，饵料资源丰富，鱼类索饵场即是其分布区域，十分分散。南渡江相对较为集中的鱼类索饵场较为集中的区域主要在迈湾河段、定安河段、龙塘坝下至河口等。

3）越冬场

南渡江流域地处热带北部边缘，具有丰富的降水、阳光和热能，年平均气温23.5℃，低温期在1~2月，1月平均气温最低为17℃，因此鱼类不存在越冬的问题。

关于越冬场，以下其他河流也类似，不再重复论述。

4）洄游通道

根据现场调查和走访当地渔民，鳗鲡等洄游鱼类历史上可上溯至松涛库区河段，但目前由于干流梯级开发，特别是最下游一级龙塘大坝的阻隔，大部分洄游鱼类和河口鱼类被阻隔于龙塘坝址以下，少部分在龙塘大坝洪水期溢流时上溯至金江至龙塘河段。因此南渡江鱼类洄游通道目前基本上仅限于龙塘大坝以下河段。

4. 鱼类资源现状评价

1）鱼类多样性高，但存在下降风险

从鱼类调查情况来看，南渡江流域鱼类种类丰富，多样性较高，采集到的种类数在60种以上，可见南渡江鱼类资源现状依然较为丰富。

南渡江分布的10种珍稀濒危特有鱼类有花鳗鲡、小银鮈、海南长臀鮠（亚种）、锯齿海南䰾、海南异鱲（亚种）、台细鳊、青鳉、大鳞鲢、无斑蛇鮈、高体鳑，有 8 种在近年调查中均采集到，但是花鳗鲡、海南长臀鮠现状主要分布于龙塘坝下，受大坝的阻隔影响较大。最受关注的种类——南渡江特有鱼类大鳞鲢，也是曾经的重要经济鱼类，其种群规模急剧下降，珠江水资源保护科学研究所记录在河口采集到样本，但是据报道和实地走访调查，该种类在南渡江流域已多年未捕获到样本。

2）鱼类分布发生巨大变化

根据鱼类资源现状调查，对比历史文献资料，并结合对当地渔民的走访结果来看，南渡江流域鱼类种类分布发生了巨大变化。

（1）洄游性和河口鱼类分布范围缩小。由于龙塘大坝的阻隔，绝大部分的洄游性和河口鱼类被阻隔于坝下，其分布范围在南渡江流域大大缩小，部分被阻隔于坝上，或者是在洪水期河水漫过大坝后，部分种类上溯至坝上，在部分河段少量、零星分布，如本次调查仅在定安采集到2尾七丝鲚。

（2）流水性鱼类生境缩小、种群规模下降。水库的建成，特别是调节性能较强的松涛水库，改变了原有的河流水文情势，流水性鱼类生境缩小，其种群退缩于库尾或支流流水河段，而库区江段被静水性鱼类和养殖鱼类所替代。生境破碎化导致流水性鱼类呈不连续的片断化分布，主要分布江段在松涛库尾以上南开河、谷石滩库尾至松涛坝下流水河段、龙塘库尾至金江坝下流水河段以及支流的流水河段，适宜生境大幅缩小，种群规模下降。

3）鱼类资源量下降，小型化

南渡江流域为热带山区河流，鱼类种类多，生长快，鱼类资源丰富，但是由于梯级开发阻隔了鱼类洄游通道、破坏了鱼类产卵场，水库形成后水文情势改变导致流水性鱼类生境缩小，另存在过度捕捞、河道采砂、水污染、生物入侵等问题，鱼类资源量显著下降。通过走访当地渔民，普遍反映鱼类资源下降，鱼类小型化明显。

4.2.2 昌化江

鱼类调查主要在牙挽、石碌河、大广坝、通什河、南巴河等 5 个河段进行。

1. 渔获物情况

1）干流渔获物

2017 年 6 月在昌化江流域共采集到鱼类 229 尾，经鉴定为 30 种，渔获物组成见表 4.2.12。

表 4.2.12 昌化江渔获物统计

种类	尾数	尾数百分比/%	重量/g	重量百分比/%	体长/mm		体重/g	
					平均值	范围	平均值	范围
尼罗罗非鱼	53	23.14	241.8	13.68	48.9	27～90	4.6	0.8～24.2
福建小鳔鮈	28	12.23	117.2	6.63	64.2	41～78	4.2	0.9～7.5
马口鱼	25	10.92	167.3	9.46	66.4	32～115	6.7	0.9～32.6
海南拟鳘	16	6.99	61.2	3.46	66.7	58～87	3.8	1.7～7.8
鲮	13	5.68	177.4	10.04	86.5	58～107	13.6	3.4～24.2
台细鳊	12	5.24	27.2	1.54	50.3	43～60	2.3	1.2～3.7
东方墨头鱼	11	4.80	100.1	5.66	66.1	38～87	9.1	1.3～18.6
小银鮈	9	3.93	15.6	0.88	48.1	43～51	1.7	1.4～2.1
光倒刺鲃	9	3.93	60.5	3.42	62.6	39～85	6.7	1.3～13.8
子陵吻鰕虎鱼	8	3.49	29.0	1.64	56.4	37～74	3.6	0.9～7.1

种类	尾数	尾数百分比/%	重量/g	重量百分比/%	体长/mm		体重/g	
					平均值	范围	平均值	范围
纹唇鱼	5	2.18	135.5	7.67	90.4	54~145	27.1	4~79.2
美丽小条鳅	5	2.18	11.9	0.67	49.2	43~53	2.4	1.6~2.9
鳌	5	2.18	128.7	7.28	115.2	75~174	27.5	4.3~78.2
横纹南鳅	4	1.75	8.5	0.48	52.5	49~58	2.1	1.6~2.8
广西华平鳅	4	1.75	11.1	0.63	56.0	46~63	2.8	1.2~4.0
唇䱖	4	1.75	73.2	4.14	91.3	45~114	18.3	1.4~31.9
倒刺鲃	3	1.31	113.6	6.43	111.3	102~127	37.9	27.7~54.5
乌鳢	2	0.87	39.2	2.22	87.0	46~128	19.6	1.7~37.5
鲤	2	0.87	123.8	7.00	126.5	93~160	61.9	24.5~99.3
银鮈	1	0.44	3.9	0.22	62.0	62	3.9	3.9
疏斑小鲃	1	0.44	4.8	0.27	52.0	52	4.8	4.8
泥鳅	1	0.44	18.0	1.02	129.0	129	18.0	18.0
南醴	1	0.44	13.3	0.75	86.0	86	13.3	13.3
尖头塘鳢	1	0.44	24.5	1.39	93.0	93	24.5	24.5
华鳊	1	0.44	13.5	0.76	90.0	90	13.5	13.5
花鳗鲡	1	0.44	4.0	0.23	138.0	138	4.0	4.0
海南似鱎	1	0.44	3.4	0.19	67.0	67	3.4	3.4
福建纹胸鮡	1	0.44	5.7	0.32	65.0	65	5.7	5.7
马那瓜丽体鱼	1	0.44	30.5	1.73	97.0	97	30.5	30.5
大刺鳅	1	0.44	3.3	0.19	103.0	103	3.3	3.3
合计	229	100.00	1 767.7	100.00				

注：百分比进行了修约，所以加和不为100%

2）通什河渔获物

2018年6月在通什水共采集鱼类9种，均为小型溪流性鱼类，其中在渔获物中数量占比较高的分别为条纹小鲃、嘉积小鳔鮈、美丽小条鳅（表4.2.13）。

表4.2.13　通什河渔获物统计

种类	尾数	尾数百分比/%	重量/g	重量百分比/%	体长/mm		体重/g	
					平均值	范围	平均值	范围
条纹小鲃	13	41.94	8.8	3.73	67.5	63~72	4.4	3.3~5.5
嘉积小鳔鮈	5	16.13	43.7	18.51	47.6	25~65	3.4	0.4~6.7

续表

种类	尾数	尾数百分比/%	重量/g	重量百分比/%	体长/ mm		体重/g	
					平均值	范围	平均值	范围
美丽小条鳅	4	12.90	49.2	20.84	40.0	35~45	1	0.5~1.5
横纹南鳅	2	6.45	72.4	30.66	132.0	122~142	36.2	27.3~45.1
越鳉	2	6.45	11.2	4.74	49.0	44~54	2.8	1.7~4.6
子陵吻鰕虎鱼	2	6.45	7.1	3.01	75.0	75	7.1	7.1
胡子鲇	1	3.23	2.0	0.85	160.0	160	49.2	49.2
马口鱼	1	3.23	31.4	13.30	95.0	95	31.4	31.4
罗非鱼	1	3.23	10.3	4.36	53.1	42~63	2.1	1.1~3.0
合计	31	100.00	236.1	100.00				

注：百分比进行了修约，所以加和不为 100%

3）南巴河渔获物

2018 年 6 月在南巴河采集到鱼类有条纹小鲃、马口鱼、南方波鱼、子陵吻鰕虎鱼，渔获物组成见表 4.2.14。渔获物组成以小型溪流性鱼类为主（表 4.2.14）。

表 4.2.14　南巴河渔获物统计

种类	尾数	尾数百分比/%	重量/g	重量百分比/%	体长/ mm		体重/g	
					平均值	范围	平均值	范围
条纹小鲃	6	54.55	57.8	66.59	66.5	52~75	9.6	5.0~12.8
南方波鱼	2	18.18	20.9	24.08	81.0	77~85	10.5	9.8~11.1
马口鱼	2	18.18	6.1	7.03	57.5	57~58	3.1	2.6~3.5
子陵吻鰕虎鱼	1	9.09	2.0	2.30	55.0	55.0	2.0	2.0
合计	11	100.00	86.8	100.00				

2. 各采样江段渔获物鱼类多样性

通过对各采样江段渔获物中鱼类香农-维纳多样性指数、Pielou 均匀度指数、种类丰富度指数计算，结果见表 4.2.15。昌化江鱼类多样性和种类丰富度指数较高，其中香农-维纳多样性指数达 2.721 4，种类丰富度指数达 5.337 0，Pielou 均匀度指数最低，为 0.800 1；南巴河香农-维纳多样性指数和种类丰富度指数最低，分别为 1.168 5 和 1.251 1，Pielou 均匀度指数最高，为 0.842 9；通什河香农-维纳多样性、Pielou 均匀度指数和种类丰富度指数介于两者之间。

表 4.2.15　昌化江流域各采样点鱼类多样性指数

采样点	香农-维纳多样性指数 H'	Pielou 指数 J'	种类丰富度指数 D
昌化江	2.721 4	0.800 1	5.337 0
通什河	1.785 7	0.812 7	2.329 7
南巴河	1.168 5	0.842 9	1.251 1

3. 鱼类重要生境

1）产卵场

（1）产黏沉性卵鱼类产卵场。与南渡江类似，产黏沉性鱼类产卵场一般分布于流水砾石浅滩。符合这一生境条件的区域主要有向阳库尾以上河段、石碌库尾及主要支流通什水、南巴河等生境条件较好的支流上游。

（2）产漂流性卵鱼类产卵场。根据现状调查，昌化江大广坝库中、库尾渔获物中产漂流性卵鱼类鲮的产量较高，可见在大广坝库尾以上干流存在鲮的产卵场。抱由水电站至向阳水电站之间均为径流式低坝，在洪水期基本处于敞泄或漫坝泄流状态，且该河段基本是处于昌化江中游，流量较大，能够满足产漂流性卵鱼类产卵繁殖和漂流孵化的需求。

2）索饵场

昌化江较集中的鱼类索饵场主要分布在大广坝库尾、乐东至向阳河段等。

3）洄游通道

昌化江最下游一级戈枕水库为大（2）型水库，坝高 34m，且未建过鱼设施，因此目前昌化江鱼类洄游通道仅限于戈枕坝下河段。

4. 鱼类资源现状评价

昌化江流域地形地势多样，植被丰富，区域内物种众多，香农-维纳生物多样性指数较高。分布有淡水鱼类 74 种，包括国家 II 级保护鱼类花鳗鲡 1 种，海南岛特有鱼类南方波鱼、大鳞光唇鱼、海南原缨口鳅、伍氏华吸鳅和海南细齿塘鳢等，其中大鳞光唇鱼、海南原缨口鳅为昌化江特有鱼类。昌化江河口以大海鲢、棱鲛、鲻鱼、长棘银鲈、斑纹舌鰕虎鱼、弹涂鱼等较为常见。

从鱼类现状调查情况来看，昌化江流域鱼类多样性指数较高，现场调查采集到国家二级保护动物花鳗鲡及小银鮈、台细鳊、海南似鳡等珍稀濒危特有鱼类，其他一些少见种类如美丽小条鳅、疏斑小鲃、广西华平鳅、海南拟鳘、东方墨头鱼等流水性鱼类亦有采集到。总体上看鱼类多样性指数较高，但这些种类一般也仅限于河流的部分区域，如河流上游流水河段。支流通什河、南巴河有多个梯级水电站及滚水坝，电站坝址下游水量严重减少，采集到的鱼类资源较少。

虽然昌化江总体上看鱼类多样性指数高、产量大，但也存在以下问题。

（1）鱼类资源的种类丰富度与生境条件密切相关，在昌化江下游由于大广坝水库、戈枕水库、石碌水库蓄水，下游流量较小，加之水污染较重，鱼类资源较为匮乏。而在大型库区江段，如大广坝库区、戈枕库区，鱼类资源量虽然较大，但种类较单一，以静水性鱼类及养殖品种为主。在大广坝库尾、向阳电站以上河段、石碌库尾等流水生境条件较好区域，鱼类多样性和鱼类资源量均较丰富。

（2）过度捕捞现象比较严重。一是在大广坝库区，部分渔民采样小网目的拖网，对幼鱼伤害较大，影响鱼类资源的补充；二是 314 省道、313 省道建设自大广坝库尾附近开始，一直沿江铺设至昌化江源头，沿途村镇较多，人类活动干扰较多，监管难度大，对鱼类生境及鱼类资源等影响较大，在沿途城镇如乐东、万冲、番阳、毛阳、什运等均有大量野生鱼类销售，且小型个体比较多。

（3）外来鱼类的种类多、比例大，对河流生态威胁较大。昌化江流域外来鱼类罗非鱼、露斯塔野鲮等在渔获物中占比较高，特别是在石碌坝下等人类活动干扰较大区域，罗非鱼的数量占比达到 70% 以上，对土著鱼类生态位的挤占等影响十分显著。

4.2.3　万泉河

1. 渔获物情况

2017 年 6 月在万泉河共采集到鱼类 117 尾，经鉴定为 13 种，渔获物组成见表 4.2.16。

表 4.2.16　万泉河渔获物统计

种类	尾数	尾数百分比/%	重量/g	重量百分比/%	体长/mm 平均值	范围	体重/g 平均值	范围
海南似鲚	65	55.56	173.5	3.73	60.1	57～67	2.7	1.9～4.1
纹唇鱼	15	12.82	435.2	9.36	94.9	54～137	29.0	3.5～75.3
三角鲂	8	6.84	2 145.8	46.15	224.9	234～303	268.2	163.2～501.8
银鲴	6	5.13	209.8	4.51	135.5	114～152	35.0	11.7～50.5
南方波鱼	5	4.27	6.8	0.15	41.6	35～46	1.4	0.7～1.6
东方墨头鱼	5	4.27	83.0	1.79	64.0	22～82	16.6	9.0～31.2
奥里亚罗非鱼	5	4.27	624.2	13.42	147.0	135～163	128.5	90.1～173
尼罗罗非鱼	2	1.71	1.6	0.03	26.5	21～32	0.8	0.5～1.1
大刺鳅	2	1.71	130.3	2.80	252.5	250～255	65.2	63.6～66.7
鲮	1	0.85	174.6	3.76	203.0	203	174.6	174.6
花鳗鲡	1	0.85	549.9	11.83	600.0	600	549.9	549.9
海南拟鲿	1	0.85	19.8	0.43	110.0	110	19.8	19.8

种类	尾数	尾数百分比/%	重量/g	重量百分比/%	体长/mm		体重/g	
					平均值	范围	平均值	范围
马那瓜丽体鱼	1	0.85	95.1	2.05	140	140	95.1	95.1
合计	117	100.00	4 649.6	100.00				

注：百分比进行了修约，所以加和不为100%

2018 年 6 月在牛路岭水库共采集鱼类 189 尾、3 474.6g，经鉴定为 20 种，其中纹唇鱼在渔获物中的比例最高，其次依次为大鳍鱊、海南似鳊、马口鱼、黄尾鲴、鲤等（表 4.2.17）。

表 4.2.17　2018 年万泉河牛路岭水库渔获物统计

种类	尾数	尾数百分比/%	重量/g	重量百分比/%	体长/mm		体重/g	
					平均值	范围	平均值	范围
纹唇鱼	65	34.39	1 742.1	50.14	98.6	75～123	28.6	10.2～52.7
大鳍鱊	22	11.64	44.0	1.27	48.3	33～62	2.0	1.2～7.1
海南似鳊	19	10.05	64.8	1.86	65.4	60～74	3.4	2.2～4.0
马口鱼	18	9.52	203.9	5.87	92.8	72～120	11.3	5.5～26.4
黄尾鲴	12	6.35	472.0	13.58	137.6	120～159	39.3	23.1～59.2
鲤	10	5.29	289.0	8.32	104.3	80～122	28.9	11.9～44.0
东方墨头鱼	9	4.76	116.9	3.36	76.8	62～120	13.0	5.6～45.5
横纹南鳅	7	3.70	34.8	1.00	69.1	65～75	5.0	3.9～5.8
罗非鱼	6	3.17	239.9	6.90	94.5	72～135	40.0	15.0～84.3
鲫	4	2.12	18.4	0.53	55.3	50～62	4.6	2.8～6.4
疏斑小鲃	3	1.59	13.3	0.38	56.3	50～63	4.4	2.4～5.6
中华花鳅	3	1.59	17.9	0.52	89.3	81～95	6.0	4.8～7.1
南方波鱼	2	1.06	8.4	0.24	57.5	50～65	4.2	2.0～6.4
美丽小条鳅	2	1.06	11.8	0.34	68.5	64～73	5.9	5.1～6.7
嘉积小鳔鮈	2	1.06	4.3	0.12	62.0	62	2.2	1.8～2.5
胡子鲇	1	0.53	8.6	0.25	85.0	85	8.6	8.6
鲮	1	0.53	11.9	0.34	90.0	90	11.9	11.9
海南拟鳘	1	0.53	9.2	0.26	95.0	95	9.2	9.2
鲇	1	0.53	163.1	4.69	275.0	275	163.1	163.1
子陵吻鰕虎鱼	1	0.53	0.3	0.01	30.0	30	0.3	0.3
合计	189	100.00	3 474.6	100.00				

注：百分比进行了修约，所以加和不为100%

2018 年 6 月在牛路岭坝下至河口段共采集鱼类 173 尾、3 384.4 g，经鉴定为 23 种，其中海南华鳊在渔获物中的比例最高，其余依次为马口鱼、罗非鱼、尖头塘鳢等（表 4.2.18）。

表 4.2.18　2018 年万泉河牛路岭坝下至河口段渔获物统计

种类	尾数	尾数百分比/%	重量/g	重量百分比/%	体长/mm		体重/g	
					平均值	范围	平均值	范围
海南华鳊	47	27.17	621.6	18.37	93.0	73～115	13.5	5.7～24.3
马口鱼	43	24.86	72.5	2.14	50.8	36～112	1.7	0.5～24.5
罗非鱼	14	8.09	159.5	4.71	56.9	33～122	11.4	0.9～76.9
尖头塘鳢	11	6.36	853.2	25.21	142.1	100～200	77.6	20.1～192.4
虾虎鱼	9	5.20	17.2	0.51	48.1	30～62	1.9	0.5～4.9
银鮈	9	5.20	4.0	0.12	30.3	26～36	0.4	0.2～0.9
嘉积小鳔鮈	8	4.62	20.1	0.59	54.3	49～61	2.5	1.9～3.3
高体鳑鲏	5	2.89	9.2	0.27	37.4	23～58	1.8	0.3～5.6
鲁	4	2.31	171.5	5.07	156.8	132～192	42.9	23.9～66.2
大刺鳅	3	1.73	381.7	11.28	303.3	217～430	127.2	31.3～295.0
唇（鱼骨）	2	1.16	49.2	1.45	115.5	113～118	24.6	24.2～25.0
黄尾鲴	2	1.16	73.3	2.17	131.5	113～150	36.7	21.2～52.1
鲮	2	1.16	790.0	23.34	257.5	250～265	395.0	365.0～425.0
泥鳅	2	1.16	16.9	0.50	90.5	76～105	8.5	4.1～12.8
三角鲂	2	1.16	11.4	0.34	85.0	85	11.4	11.4
海南异鱲	2	1.16	8.3	0.25	61.5	60～63	4.2	3.8～4.5
大鳍鱊	2	1.16	4.0	0.12	42.5	42～43	2.0	2.0
马那瓜丽体鱼	1	0.58	90.7	2.68	150.0	150	90.7	90.7
斑鳢	1	0.58	16.9	0.50	110.0	110	16.9	16.9
棒花鱼	1	0.58	2.0	0.06	52.0	52	2.0	2.0
海南纹胸鮡	1	0.58	3.9	0.12	55.0	55	3.9	3.9
横纹南鳅	1	0.58	2.6	0.08	55.0	55	2.6	2.6
条纹鲃	1	0.58	4.7	0.14	64.0	64	4.7	4.7
合计	173	100.00	3 384.4	100.00				

注：百分比进行了修约，所以加和不为 100%

2. 重要生境

1）产卵场

（1）产黏沉性卵鱼类产卵场。与南渡江类似，产黏沉性卵鱼类产卵场一般分布于流水砾石浅滩。符合这一生境条件的区域主要有乘坡水库库尾以上河段、红岭库尾以上河段及主要生境条件较好的支流上游。

（2）产漂流性卵鱼类产卵场。根据调查和历史资料整理，万泉河分布的产漂流性卵鱼类较少，从种类来看仅4种，即四大家鱼（青鱼、草鱼、鲢、鳙）；从资源量上看，其数量较少，主要分布于牛路岭、红岭等大型水库和下游干流河段，可能大多数来自人工放流。从四大家鱼繁殖习性来看，万泉河产卵场主要在大边河汇口一带，此处万泉河南北两源汇合，流量增大、流场复杂，适应于产漂流性卵鱼类繁殖，且下游除嘉积坝外无拦河枢纽，嘉积坝为滚水坝，繁殖期为丰水期，对河流水文情势影响较小，因此，鱼类产卵后，受精卵能顺利漂流孵化。

2）索饵场

万泉河较集中的鱼类索饵场主要分布在大边河汇口区域、嘉积坝址博鳌等河段。

3）洄游通道

根据历史资料，鳗鲡等洄游鱼类可洄游至牛路岭河段。万泉河最下游一级梯级嘉积坝坝高6.8 m，额定水头3.5 m，高水位时水流溢坝而过，小部分洄游鱼类可通过嘉积坝上溯至烟园水电站。因此万泉河鱼类洄游通道主要是嘉积以下河段，烟园以下河段至河口段也应作为万泉河鱼类重要洄游通道。

3. 万泉河国家级水产种质资源保护区

万泉河国家级水产种质资源保护区总面积3 248 hm²，其中核心区面积1 020 hm²，实验区面积2 228 hm²。特别保护期为每年1月1日~7月31日。保护区地处海南省万泉河琼海段，位于烟园水电站与万泉河出海口之间。核心区分别为龙江-万泉核心区和博鳌核心区。其中，龙江-万泉核心区是由以下四个拐点沿河道方向顺次连线围成的水域：石龙大桥石壁点-石龙大桥龙江点-椰子寨-丹村渡口；博鳌核心区是由以下四个拐点沿河道方向顺次连线所围的水域：大乐村-龙潭村-万泉河入海口南-万泉河入海口北。实验区分为会山-龙江-石壁实验区和万泉-嘉积-博鳌实验区。其中，会山-龙江-石壁实验区是由以下四个拐点沿河道方向顺次连线围成的水域：烟园水电站北-烟园水电站南-石龙大桥石壁点-石龙大桥龙江点；万泉-嘉积-博鳌实验区是由以下四个拐点沿河道方向顺次连线围成的水域：丹村渡口-椰子寨-龙潭村-大乐村。主要保护对象是万泉河尖鳍鲤和花鳗鲡，其他保护对象包括头条波鱼、拟细鲫、黄尾鲴、银鲴、鳙鱼、刺鳍鳑鲏、海南华鳊、光倒刺鲃、锯倒刺鲃、胡子鲶、月鳢、攀鲈、大刺鳅等。

4. 鱼类资源现状评价

万泉河流域单位面积径流量居海南岛各河流之冠，流域内降水量大、引水量小，且干流梯级开发程度相对较低，两岸植被茂密，水污染负荷较低，水质良好。万泉河分布有淡水鱼类 73 种，种类多样性居海南岛各河流第二位，分布有国家二级保护鱼类花鳗鲡，海南岛特有鱼类琼中拟平鳅、海南细齿塘鳢、海南瓣结鱼、海南异鱲、南方波鱼、小银鮈等。万泉河河口区水较深，海潮可达朝阳附近，进入河口的海水鱼类多达 37 种，以尖吻鲈、鲻鱼、棱鮻、六带鲹、眶棘双边鱼、灰鳍鲷等较为常见。

目前万泉河水生生态环境总体保持良好：一是水量丰沛，水资源利用率不高，河流沿岸植被良好，污染负荷相对较轻，水质良好；二是万泉河连通性较好，万泉河北源、南源分别已建大型水库红岭水库、牛路岭水库，两个水库以下河段总体上梯级开发程度较低，红岭坝下至合口咀有合口、船埠两个梯级。牛路岭坝下至入海口有烟园、嘉积两座滚水坝，其中烟园坝较低，对河流阻隔影响较小；嘉积坝坝高也仅 6.8 m，但嘉积坝距河口较近，对河流阻隔影响较大。

从鱼类资源调查情况看，海南似鳡、纹唇鱼、三角鲂、银鲴、南方波鱼、东方墨头鱼等流水性鱼类比例较大，且银鲴和三角鲂等经济鱼类在其他河流较少，而在万泉河比例较大，同时在嘉积坝下采集到国家二级保护动物花鳗鲡。总体上看万泉河是海南岛目前水生生态环境最好、鱼类资源最丰富的河流之一。

4.2.4　陵水河

1. 渔获物情况

2017 年 6 月在陵水河保亭水汇口下、陵水县城河段共采集鲤、马口鱼、尼罗罗非鱼、南方白甲鱼、尖头塘鳢、攀鲈、大刺鳅等鱼类 7 种。

2. 鱼类重要生境

1）产卵场

（1）产黏沉性卵鱼类产卵场。陵水河产黏沉性卵鱼类产卵场主要集中于上游浅水、砾石底质的流水溪流河段，主要位于保亭以上河段、什玲以上河段。主要支流都总河、金冲河上游分别建有小妹水库、小南平水库，对流水鱼类生境淹没较大，无较集中的产卵生境。

（2）产漂流性卵鱼类产卵场。根据文献记录陵水河分布有产漂流性卵鱼类—四大家鱼。产漂流性卵鱼类受精卵孵化需要一定的漂流流程，由于陵水河河流较短，产卵场应位于河流上游区域，根据文献记录的四大家鱼采集地，推断陵水河产漂流性卵鱼类产卵场位于保亭县城以上河段、什玲镇八村河段，这两处河段均有支流汇入，在洪水期可能存在满足产漂流性卵鱼类产卵繁殖需要的洪水刺激，并尽可能长地利用下游至河口的漂流流程。

2）索饵场

陵水河鱼类索饵场主要分布在保亭水汇口、梯村坝址至陵水县城段、陵水河河口等。

3）洄游通道

陵水河最下游一级梯村坝对河流阻隔影响较大，据当地渔民反映，鳗鲡等洄游性鱼类被阻隔于坝下，近坝河段成为鱼类聚集区域，也是渔民捕捞的重点区域。因此陵水河鱼类洄游通道目前仅限于梯村坝址以下河段。

3. 鱼类资源现状评价

陵水河全长 73.5 km，是海南岛第四大河流，分布淡水鱼类 44 种，包括国家二级保护鱼类花鳗鲡，海南岛特有鱼类保亭近腹吸鳅、琼中拟平鳅等，其中保亭近腹吸鳅是目前记录仅分布于陵水河的特有鱼类。陵水河河口鱼类以鲻鱼、紫红笛鲷、焦氏舌鳎、中国须鳗及其他鳗形目鱼类较为主。

目前流域内无调蓄型水库，但上游及主要支流建有多级小水电站，河流纵向连通性受阻，部分河段存在脱水段，溪流性鱼类生境遭受破坏，土著鱼类资源减少；干流最下游梯级梯村坝址距河口约 30 km，几乎将河流拦腰截断，对河流连通性造成影响，同时也阻隔了花鳗鲡等洄游鱼类的洄游通道。

从鱼类资源现状调查看，保亭水汇口以上干流梯级开发程度较低，人口稀少，河流维持自然流水生境，流水性鱼类如南方白甲鱼等较为丰富。下游由于梯村坝的阻隔，花鳗鲡、鳗鲡等洄游性鱼类及其他鱼类被阻隔于坝下，坝下成为鱼类集群的区域，吸引渔民在此捕捞。总体上看，陵水河鱼类资源较为丰富，但也存在大坝阻隔、过度捕捞、外来鱼类等影响。

4.2.5　其他重要河流

太阳河已建碑头水库、万宁水库，造成下游减水甚至断流，对河流生态影响较大，加之下游捕捞强度较大，鱼类资源较为贫乏。2017 年 6 月在太阳河下游仅采集到尼罗罗非鱼、奥里亚罗非鱼、鳖；2018 年 6 月在太阳河下游采集到罗非鱼、海南华鳊、子陵吻鰕虎鱼、鳖、尖头塘鳢、黄鳝；2018 年 6 月在九曲江采集到纹唇鱼、鲮、须鲫、鲤、鲇及外来种马那瓜丽体鱼、下口鲇（清道夫）；2018 年 6 月在龙首河采集到鲮；2018 年 6 月在龙尾河采集到鲮、大刺鳅。

总体上看，中小型河流由于河流较短、水量较少，生境多样性低，鱼类多样性较低。现状调查来看，由于中小型河流均已进行了梯级开发，以承担供水、灌溉、发电等任务，河流上游一般残存有少量自然溪流，以小型山溪鱼类为主，如横纹南鳅、小银鮈，而下游由于水量减少、水污染、外来鱼类入侵等，鱼类种类单一，主要为鲤、鲫、鳖等以及外来鱼类罗非鱼等（表 4.2.19）。

表 4.2.19　其他重要河流渔获物统计

采集地点	种类	尾数	重量/g	体长/ mm		体重/g	
				范围	平均值	范围	平均值
九曲江南塘水库库尾	纹唇鱼	45	2 879.2	99～175	128.2	23.4～122.6	64.0
九曲江中平仔水库	鲮	16	3 124.4	146～356	224.3	101.4～315.3	195.3
	须鲫	4	512.2	115～214	168.6	46.4～189.3	128.1
	尼罗罗非鱼	6	76.6	67～223	110.2	5.6～24.6	12.8
	鲇	1	150.0	178	178.0	7 500.0	150.0
	鲤	1	355.7	270	270.0	355.7	355.7
	马那瓜丽体鱼	4	422.4	110～218	153.2	34.5～255.2	105.6
	下口鲇	1	210.0	245	245.0	210.0	210.0
太阳河万宁水库下游	尼罗罗非鱼	322	1 246.9	34～115	49.8	1.1～15.1	3.9
	海南华鳊	3	15.8	6.7～7.7	70.0	4.2～7.4	5.3
	鳘	3	11.2	64～71	67.0	3.4～4.2	3.7
	子陵吻鰕虎鱼	5	16.9	50～64	58.0	2.1～4.2	3.4
	尖头塘鳢	1	77.9	153	153.0	77.9	77.9
	黄鳝	1	231.7	570	570.0	231.7	231.7
龙首河	鲮	6	837.9	145～240		31.8～334.0	139.7
龙尾河	尖头塘鳢	2	77.9	47～150	98.5	1.8～76.1	39.0
	刺鳅	3	122.3	102～178	150.3	24.3～67.4	40.8

第5章

海南岛水生生态问题及保护对策建议

5.1 水生生态现状

通过现场调查及资料整理分析，海南岛水生生态总体上呈现以下特点。

（1）河流众多，梯级开发程度高。海南岛河流众多，独流入海河流共计 154 条，截至 2014 年，全省共建成蓄水工程 2 945 座，其中大型水库 10 座、中型水库 76 座、小型水库 1 019 座，基本上所有河流上都修建有拦河工程。由于岛屿的地形特点，几乎每条独流入海河流都分布有河口鱼类和河海洄游鱼类，梯级开发等拦河工程的建设对鱼类影响较大，如花鳗鲡、鳗鲡等洄游性较强的鱼类，原本可以洄游至河流上游索饵生长，但拦河工程基本上将其阻隔于河流最下游一级坝址坝下，其生存空间大幅缩小，种群规模下降。

（2）水资源开发利用程度较高，生态水量不足。由于海南岛中高周低，河流由岛中向沿海放射状分布，源短流急，淡水资源宝贵，水资源开发利用程度较高，松涛水库、大广坝、牛路岭水库、春江水库等调蓄能力较强水库导致下游断流或水量大幅减少，另外，海南岛引水式电站比例较大，其减水河段减脱水现象严重，对下游水生生态影响较大。

（3）水环境总体较好，部分河段出现水污染情况。海南岛雨量充沛、植被良好，河流水质总体良好，全省 66 个水功能区中 44 个水功能区水质评价为达标，达标率为 66.7%，不达标的水功能区主要分布在各流域的源头水保护区，主要是部分江河源头水功能区水质目标较高，水质现状不能满足功能区水质目标要求。但是部分河段如昌化江下游等，因为工农业、城市生活污水排放，加之水量减少导致水体纳污能力下降，出现水污染情况。

（4）鱼类多样性高，但鱼类资源受影响较大。海南岛全岛面积 3.39 万 km²，其淡水鱼类多达 100 余种，鱼类多样性高，但因为梯级开发、过度捕捞、水污染、采砂等对鱼类资源产生较大影响，部分种类分布范围收窄，种群规模下降，如花鳗鲡、鳗鲡等洄游性种类目前一般仅分布在河流最下一级坝址以下河段，而流水性鱼类主要分布于河流上游或源头区域。

（5）外来鱼类种类多，个别种类几乎占据全岛。目前海南岛自然水体中外来鱼类有 12 种，包括麦瑞加拉鲮、露斯塔野鲮、短盖巨脂鲤、革胡子鲇、下口鲇、苏氏圆腹（当地渔民称之为淡水鲨）、食蚊鱼、莫桑比克罗非鱼、尼罗罗非鱼、奥里亚罗非鱼、马那瓜丽体鱼（当地渔民称之为淡水石斑）、云斑尖塘鳢等，其中罗非鱼在海南岛分布十分广泛，几乎所有河流均有其分布，种群规模大，能自然繁殖，且适应能力强，静水、流水等各种生境均能生存，耐污能力强，在污染较重水体中比例尤高。外来鱼类对土著鱼类造成了极大威胁。

5.2 主要水生生态问题

5.2.1 南渡江

根据现场调研并收集整理相关资料，南渡江流域水生生境多样性指数较高，从上游的山区峡谷急流，到中游丘陵流水河段，再到下游平原缓流河段，河流蜿蜒曲折，生境多样，流量较大，为鱼类等水生生物提供了多样的生存条件，鱼类种类多样性指数较高，资源量较大。

南渡江开发利用程度较高，对水生生态系统造成了一定程度的影响，主要问题如下：

（1）梯级开发对河流连通性有一定影响。目前南渡江干流已建松涛、谷石滩、九龙滩、金江、龙塘等梯级，东山引水工程阻隔了河流连通性，并造成下游水量减少，对流域水生生态有一定影响；龙塘大坝距河口仅 26 km，阻隔了洄游鱼类及河口鱼类上溯的通道，致使大部分洄游鱼类和河口鱼类被阻隔于龙塘坝下，栖息地大幅缩小。大坝的阻隔也使原本连续的河流生态系统被分割为片段化的异质生境，影响河流生态系统的结构和功能。

（2）水库运行改变水文情势。水库运行使库区江段原本流动的河流生态系统转变为静水的湖泊生态系统，流水性鱼类的适宜生境大幅缩小，急流、缓流、浅滩、深潭等多样化的河流生境趋于均一化，库区鱼类种类组成也趋向均一化、简单化。另外，一些需要特殊水文条件完成生活史的鱼类，如大鳞鲢、鲮等，因为大坝阻隔、水库形成，繁殖所需要的大流量刺激和漂流流程无法满足，使其无法完成生活史，种群规模大幅缩小甚至消失。

（3）防洪工程破坏了自然的河滨带。流域内澄迈、定安、海口等城镇堤防工程量大且绝大多数采用传统的硬质护岸。河滨带是水生生物、鱼类、两栖爬行类、鸟类等重要的栖息地，并具有净化水质的重要生态功能，对维持河流生态系统健康具有重要作用。防洪工程的建设削弱了自然的河滨带的生态功能，影响河流横向连通性。

（4）生物入侵对土著鱼类产生威胁。因为水库形成，养殖水面增加，导致外来养殖鱼类逃逸至天然水体，其他无意放生等也带来外来鱼类入侵风险。目前，南渡江流域调查到的外来鱼类有罗非鱼、食蚊鱼、露斯塔野鲮、短盖巨脂鲤、革胡子鲇等12种，其中罗非鱼在南渡江流域甚至全海南岛分布十分广泛。入侵成功的外来鱼类一般都具有较强的耐受力和生命力、生命力和繁殖力（如罗非鱼、食蚊鱼等），能迅速扩张种群并占领生态位，直接挤占土著鱼类生存空间、食物竞争，甚至捕食土著鱼类的幼鱼和鱼卵、携带病菌、基因渗透等，对土著鱼类产生巨大威胁，甚至造成部分种类的濒危和灭绝。

（5）非法采砂影响鱼类栖息环境。非法采砂不仅破坏河流底质，影响底栖动物等的生存，从而影响鱼类饵料生物来源，对鱼类栖息地干扰和破坏，而且采砂导致水体浑浊度升高，影响河流水质，对鱼类的生存也造成一定的影响。

5.2.2　昌化江

昌化江流域内已建大广坝水库、戈枕水库、石碌水库等大中型水库，上游建有 10 多级小水电站及拦河坝，影响了河流连通性，阻隔了洄游鱼类的洄游通道；水库运行使库区及坝下水文情势发生改变，对流水性鱼类等造成一定影响；硬质护岸的防洪工程破坏了河流横向连通性；下游河段有少量非法采砂活动，导致部分河漫滩湿地及岸边带植被破坏，河口湿地生态功能受损，水生生物多样性下降。

另外，昌化江流域下游由于大广坝水库、戈枕水库、石碌水库的调蓄、引水，下游生态流量较小，部分河段减水严重。下游河道水量减少，纳污能力降低，而污染负荷较重。部分河段由于水量减少，河岸带及河口甚至出现了沙化现象，河流生态廊道功能受一定程度影响，鱼类等水生生物资源量出现减少现象，河流生态功能有所降低。

5.2.3　万泉河

总体来看，万泉河是海南岛大河中生态环境保护较好的河流，但是也面临生态环境恶化的风险。

（1）万泉河上游多级水电站阻隔河流纵向连通性，引水式电站存在脱水段，鱼类生境受到影响。

（2）万泉河下游已建嘉积水库坝址距河口仅约 22 km，对洄游鱼类和河口鱼类的阻隔影响较大，花鳗鲡等河海洄游性鱼类被阻隔于坝下。

（3）流域内砍伐山林，种植橡胶、槟榔等经济作物，使原生态林和植被遭到破坏，水土流失加剧，水源涵养能力减弱。

（4）城镇化及旅游地产发展，外来人口的大量涌入，加大了城镇污水、生活垃圾等排放量，对流域生态环境带来威胁。

5.2.4　陵水河

目前流域内无调蓄型水库，但上游及主要支流建有多级小水电站，纵向连通性受阻，部分河段存在脱水段，溪流性鱼类生境遭受破坏，土著鱼类资源减少；干流最下游梯级梯村坝址距河口约 30 km，破坏河流连通性，同时也阻隔了花鳗鲡等洄游鱼类的洄游通道；坝址以下河段水量减少，对坝下减水河段水生生态影响较大；上游保亭县城河段、下游陵水县城至河口约 12 km 河段两岸修建有硬质护岸，导致河槽收窄，河道几近渠化，河滨带自然生境受到一定程度影响。

5.2.5 其他重要河流

海南岛其他中小型独立入海河流基本上都有水电开发，且大部分河流在河口区域设有挡潮坝、滚水坝等，对河流的连通性造成影响，河流生境片段化，影响鱼类种群交流，且中小型独立入海河流均有鳗鲡等河海洄游性鱼类，对洄游鱼类阻隔影响较大。

春江水库、万宁水库等水库坝下及引水式电站减水河段减脱水严重，对河流生境和水生生态造成不利影响。部分小型河流自身水量较小，但水资源开发利用程度较高，导致下游及河口水量减小，河口河滩地裸露、沙化情况，同时水体纳污能力有所下降，水污染情况有所加重。

5.3 水生生态保护对策与建议

5.3.1 水生生态保护总体思路

1. 主要原则

根据"尊重自然、顺应自然、保护自然"的生态文明理念，坚持"节约优先、保护优先、自然恢复"为主的方针，并辅以必要的人工措施。

2. 保护目标

改善河流已退化的水生生态系统，使河流水质达标，生态流量得到保障，鱼类生境状况明显改善，鱼类多样性和资源量一定程度得以恢复，河流生态系统结构和功能有效改善，促进流域内经济社会和生态环境的健康、协调、统一发展，打造人与自然和谐共生的生态岛。

3. 主体思路

根据现状调查情况，对开发利用程度低、生态环境良好的主要河流的源头区、重要支流等进行栖息地保护，对被中下游梯级阻隔、生境破坏的河段进行连通性恢复、栖息地修复；对主要河流重要断面提出生态需水要求和生态调度方案；对因水文情势改变等对流水性鱼类资源的影响采取增殖放流措施并加强对珍稀特有鱼类的保育，并加强渔政管理；同时制订长期监测计划，提出相关科学研究建议。

4. 总体布局

针对海南岛河流水生生态问题，采取栖息地保护、连通性恢复、鱼类保育与增殖放流、水库生态调度、渔政管理、生态监测科学研究等措施，力求对海南岛河流生态系统结构和功能起到一定的保护和恢复作用。水生生态保护措施总体布局见表5.3.1。

表 5.3.1 水生生态保护措施总体布局

措施类型	主要内容	保护对象
栖息地保护	根据鱼类种类与分布现状，结合河流开发现状和规划后河流生境状况，筛选适宜鱼类生存、有一定保护价值的栖息地进行重点保护	所有土著种类，特别是流水性鱼类
连通性恢复	根据鱼类洄游需求和现状及规划拦河建筑物情况，提出建设或补建过鱼设施要求	重点是河海洄游性及河道洄游性种类，兼顾其他种类
鱼类物种保育与增殖放流	从流域、全岛统筹考虑，布局建设珍稀鱼类保育站和增殖放流站	保护、濒危、特有及重要经济鱼类
水库生态调度	在保证河道内生态需水前提下，在鱼类繁殖期开展梯级联合生态调度，刺激鱼类产卵繁殖	所有土著种类，重点针对产漂流性卵鱼类
渔政管理	加强渔政管理，实行捕捞许可制度和禁渔期制度，严禁非法渔具渔法；加强宣传教育，严禁将外来鱼类引进到天然水体，防止生物入侵	所有土著种类
生态监测科学研究	开展长期河流生态监测，开展鱼类的基础生物学研究和物种保育技术研究，以及热带海岛型河流生态系统保护与修复研究技术等	监测针对所有种类，生物学、人工繁育等主要针对珍稀濒危特有鱼类
其他措施	加强水污染防治、加强渔政管理、规范采砂活动、加强外来种防控	所有土著种类

5.3.2 栖息地保护

1. 保护原则

栖息地保护是保护鱼类自然资源的有效措施。基于流域水电梯级开发及生境条件和鱼类资源的现状，以为鱼类寻求能够完成生活史的必要生境条件为目的，在流域内筛选有保护价值的栖息地，并采用干流与支流相结合的保护措施，尽可能多的保留多样化的生境条件，保护鱼类产卵场，恢复鱼类洄游通道，保护流水性鱼类栖息地等，为鱼类提供足够的摄食场地、繁殖场、生长空间和庇护所，使其能够繁衍生息、完成生活史，并维持一定的种群规模。

2. 南渡江

1）干流栖息地保护

（1）潜在的干流保护河段分析。

松涛水库以上河段。南渡江自源头向北流，上游称南开河，于南开乡同岭左纳南美河（河长 32 km，流域面积 124 km^2）；后折向东流，至元门乡印妹二队再折向北流，至牙叉镇牙港村左纳南叉河。这些河流均为山溪型河流，沿岸植被较好，水质清澈，溪流性鱼类多样性丰富。南美河已建南伟电站，对松涛水库鱼类生殖洄游产生一定影响。南美河、南叉河尚未建设拦河工程。因此建议对南伟电站进行连通性恢复，并将南开河、南美河、南叉河作为源头区溪流性鱼类重要栖息地及松涛水库鱼类生殖洄游重要栖息地加以保护。

松涛水库大坝至金江水电站坝址段。松涛水库大坝至金江水电站坝址间的南渡江干流河段长 105 km。南渡江干流最后梯级迈湾水利枢纽已建成运行，松涛水库大坝距离迈湾库尾为 4.4 km，迈湾水库、谷石滩水库、九龙滩水库和金江水库均首尾相衔接，迈湾水利枢纽运行使迈湾库尾至金江坝下约 100.6 km 河段均无自然流水生境的栖息地保护条件。

金江水电站坝址至河口段。金江水电站坝址以下至南渡江河口段长约为 96 km，该河段分布有东山水库和龙塘水电站两个梯级。从河道现状调查来看，金江至龙塘河段河床底质主要为细砂，河滩地部分裸露，且河心有采砂后留下的沙堆，河道生境破坏较为严重；龙塘以下大部分为感潮河段，河面开阔，河滨带水生植物丰茂，底质为细砂。根据南渡江引水工程环评报告及批复，龙塘水电站坝址、东山闸坝处均建设过鱼设施。

水生生物现状调查结果表明，定安河段渔获物主要有鳊、鳘、红鳍原鲌等，种类较为丰富；龙塘坝下渔获物主要有海南长臀鮠、短吻栉鰕虎鱼、双舌鰕虎鱼、大刺鳅、胡子鲇、花鳗鲡、攀鲈，为鲇形目、鲈形目、鳗鲡目鱼类。现状调查结果表明龙塘大坝对河流的阻隔作用明显，平原河流鱼类被阻隔于坝上，而河口和洄游性鱼类等被阻隔于坝下。

因此，在东山及龙塘梯级均建设过鱼通道的前提下，结合河道管理和生态调度措施，金江坝址以下至南渡江河口 96 km 河段可以规划作为南渡江干流鱼类栖息地保护生境。

（2）干流保护措施和建议。

强化鱼类栖息地保护河段的管理措施，主要包括在保护河段严格禁止渔业捕捞作业，划定各主要鱼类的产卵场、索饵场和洄游通道，并设立醒目的标示牌或浮标，利用广播、电视、报刊等传播媒体加强宣传等。

结合生态环境部对南渡江引水工程环境影响报告书的批复要求，控制栖息地保护河段及周边区域不合理的开发，严格限制可能影响保护区结构和功能的各类开发建设活动，如河道采砂、航道整治、桥梁码头建设等涉水工程。

2）支流栖息地保护

（1）潜在的支流保护河段分析。

南渡江从松涛坝址以下至河口段多年平均流量大于 $5m^3/s$ 的一级支流包括腰子河、南坤河、大塘河、龙州河和巡崖河，基本情况见表 5.3.2。

表 5.3.2　南渡江流域多年平均流量大于 5 m^3/s 一级支流基本情况表

河流名称	河流发源地	河流出口	集雨面积 /km²	河长 /km	坡降 /‰	多年平均流量/（m³/s）	开发情况 （闸坝数量）	最后一级距干流汇入口长度/km
腰子河	琼中鸡嘴岭	儋州亲足口下	356	42.3	2.47	12.10	5	1.2
南坤河	琼中鸡嘴岭	屯昌合水村	133	26.0	5.87	5.18	3	2.5
大塘河	儋州大王岭	澄迈大塘村	601	55.7	1.83	9.53	6	9.5

河流名称	河流发源地	河流出口	集雨面积 /km²	河长 /km	坡降 /‰	多年平均流量/（m³/s）	开发情况（闸坝数量）	最后一级距干流汇入口长度/km
龙州河	屯昌黄竹岭	定安溪头坡	1 293	107.6	1.11	43.50	11	11.6
巡崖河	定安黄竹	定安巡崖村	445	42.3	1.27	11.56	5	2.0

a. 腰子河

腰子河为南渡江右岸支流，位于儋州市和琼中交界处，发源自琼中鸡嘴岭，自南向北流经大丰农场、阳江农场、番加农场，在儋州亲足口下附近注入南渡江，全长 42.3 km，流域面积 356 km²，河口多年平均流量 12.10 m³/s，天然落差 1 045 m，平均比降 2.47‰。

腰子河与南渡江干流汇合口距离松涛坝址约 4.2 km，距离迈湾坝址约 50.8 km。腰子河距离汇合口以上约 12.4 km 为腰子河干流河段，该河段上已建设 2 座小型水电站，最下游还有 1 座未建成的水坝距离河口仅 1.2 km；腰子河上游有 2 条南渡江二级支流，各支流上分别建设有 1 座水坝（图 5.3.1）。

根据对腰子河的两期水生生态调查，2016 年 1～2 月腰子河共鉴定出 41 种（属）浮游植物、52 种着生藻类、25 种浮游动物、46 种水生维管束植物、9 种底栖动物，2016 年 5 月腰子河共鉴定出 41 种（属）浮游植物、30 种浮游动物、5 种底栖动物，其饵料生物的种类数均相对较丰富。2016 年 1～2 月腰子河渔获物共调查到 27 种，数量百分比前 5 位依次为银鮰、马口鱼、南方拟鰵、彩虹光唇鱼、鰵，占总数量的 57%以中、小型鱼

（a）阳江农场一级电站水库

（b）阳江农场一级电站厂房

（c）阳江农场二级电站水库（水面布满水葫芦）

（d）阳江农场二级电站厂房

（e）番雅村电站大坝（未完工）　　　　（f）番雅村电站引水渠（未完工）

图 5.3.1　腰子河干流梯级小水电现状

类为主。重量百分比前 5 位依次为银鲴、马口鱼、倒刺鲃、彩虹光唇鱼、尼罗罗非鱼，占总重量的 66%，以中、小型鱼类为主。腰子河现有生境能满足许多小型鱼类如马口鱼、虹彩光唇鱼、条纹小鲃、中华花鳅、宽鳍鱲、越鲇、越鳠等鱼类的产卵要求。

腰子河河流规模相对较大，流水状态河段较长，枯期未发现有脱水现象，河道内饵料生物和鱼类资源较为丰富，采取增设过鱼设施、保证生态流量、加强水质保护等措施后，可作为支流栖息地保护。

b. 南坤河

南坤河发源自琼中鸡嘴岭，流经南坤镇，在合水村汇入南渡江，河流全长 26 km，流域面积 133 km²，多年平均流量 5.18 m³/s，天然落差 443 m，平均比降 5.87‰。总体来看，该支流规模较小。

南坤河汇口距离迈湾坝址距离 10.2 km，该支流受到迈湾水库淹没影响。根据迈湾可行性研究报告，其水库正常蓄水位 108 m。迈湾水库蓄水后，南坤河淹没回水长度达 12.4 km，占该支流长度的 47.7%。回水淹没区以上为两条二级支流，其中规模稍大的右支流在汇口上游 0.2 km 即建有一座拦河坝。因此，南坤河基本不具备作为支流栖息地保护的条件。

c. 大塘河

南坤河发源自儋州大王岭，流经多文镇、龙波镇，在澄迈大塘村汇入南渡江，河流全长 55.7 km，流域面积 601 km²，多年平均流量 9.5 m³/s，天然落差 586 m，平均比降 9.53‰。

大塘河距河口以上 9.5 km 处有一滚水坝，高约 2 m，具有灌溉和发电功能。中游河段（河口以上 32.5 km）无拦河闸坝，上游还有几处小型拦河坝（图 5.3.2）。

渔获物调查结果表明，大塘河的主要鱼类有海南鲌、南方波鱼、越南刺鲬、马口鱼、线细鳊、鳘，其中优势种类为鳘、越南刺鲬等。根据 2016 年的水生生态调查，大塘河站位采集到 27 种浮游植物、25 种浮游动物、3 种底栖动物。大塘河末端梯级下游约 9.5 km 具自然河流流态，河流底质以泥沙和砾石为主。下游段河流较宽阔，河中分布有大量河滩地，可为鱼类栖息和繁殖提供良好环境。根据南渡江引水工程环评报告，大塘河末端梯级至河口 9.5 km 河段作为鱼类栖息地保护范围。大塘河具有作为支流栖息地保护区的条件，保护范围可进一步扩大。

（a）大塘河距河口 9.5 km 拦河坝　　　　　　　　　（b）大塘河距河口 9.5 km 小水电

图 5.3.2　大塘河距河口 9.5 km 的拦河坝及小水电

d. 龙州河

龙州河为南渡江最大的一条支流，与干流汇口距离下游龙塘坝址约 33 km。发源于屯昌黄竹岭，自南向北流经雷鸣镇、富文镇、新竹镇，在定安溪头坡附近注入南渡江，全长 107.6 km，流域面积 1 293 km²，河口多年平均流量 43.5 m³/s，平均比降 1.11‰（图 5.3.3）。

（a）龙州河最下游取水灌溉用滚水坝（坝高约 2.5 m）　　　　　　（b）下游河道现状

图 5.3.3　龙州河下游现状

龙州河水量大，水能资源丰富，河道上建成的闸坝数量也较多。河口以上 14 km 处有一灌溉引水的滚水坝，坝高约 2.5m，主要功能为引水灌溉。上游 11.4 km、18.4 km 处各有一座小水电，上游建设的各闸坝主要功能为引水灌溉和发电。

根据渔获物调查结果，龙州河的主要鱼类包括半𩷒、𩷒、银鮈、尼罗罗非鱼、马口鱼、鲮、鲤、鲫、大刺鳅、纹唇鱼、条纹刺鲃、越南鱊等，其中𩷒、半𩷒是渔获物中的优势种类。根据 2016 年的水生生态调查，龙州河站位采集到 31 种浮游植物、22 种浮游动物、3 种底栖动物。龙州河最下游滚水坝以下为自然河段，河流底质以泥沙和砾石为主。龙州河下游河段分布有大量河滩地，两岸维管束植物分布较多，可为鱼类的栖息和繁殖提供良好的环境。目前下游河道内也存在大量的挖沙作业，对河床滩地存在不利影响。

龙州河水量较大,河道内滩地丰富、岸边植物生长良好,具备作为支流栖息地保护的条件。

e. 巡崖河

巡崖河为南渡江右岸支流,与干流汇合口距离下游龙塘坝址约 21 km。该支流发源自定安县黄竹镇,自南向北流经龙湖镇、定城镇,在定安巡崖村注入南渡江,全长 42.3 km,流域面积 445 km²,河口多年平均流量 11.56 m³/s,平均比降 1.27‰(图 5.3.4)。

巡崖河距离河口 2 km 处有一座滚水坝,坝高约 3.5 m,主要功能为引水发电。该水坝以上的巡崖河干流约 10.4 km 河道上未建设闸坝。

(a)巡崖河最下游滚水坝(坝高约 3.5m)　　　　(b)中游河道现状

图 5.3.4　巡崖河中下游现状

根据渔获物调查结果,从渔获物调查可知,巡崖河主要鱼类种类包括半𬶨、𬶨、海南鲌、尼罗罗非鱼、光倒刺鲃、大刺鳅、赤眼鳟等,其中优势种类为𬶨、半𬶨等。2016年 5 月的水生生态调查,巡崖河站位采集到 30 种浮游植物、38 种浮游动物、5 种底栖动物。

巡崖河水量、饵料生物较丰富,在采取连通措施后具备作为支流栖息地保护的条件。

(2)支流保护措施和建议。

根据各支流的水量、水质、水生生物、鱼类资源、河流开发情况等分析,选择腰子河、大塘河、龙州河和巡崖河作为流域支流栖息地保护(表 5.3.3)。

表 5.3.3　南渡江支流适宜实施栖息地保护的河段

河流名称	近期保护范围	远期保护范围	备注
腰子河	腰子河干流 12.4 km 河段	腰子河流域(长 42.3 km)	
大塘河	大塘河中下游 32.5 km 河段	大塘河流域(长 55.7 km)	近期保护范围为倒数第二个拦河坝以下河段
龙州河	龙州河下游 25.3 km	龙州河流域(长 107.6 km)	近期保护范围为倒数第二个拦河坝以下河段
巡崖河	巡崖河干流 12.4 km 河段	巡崖河流域(长 42.3 km)	

腰子河。南渡江中游迈湾水利枢纽淹没影响较大，中游仅腰子河作为支流栖息地保护，需要特别重视。根据现状开发情况和初步规划的保护范围，对已建腰子河支流 3 个梯级采取拆除措施，以保持河道连通性。

大塘河。大塘河河口以上 9.5 km 处的滚水坝仅 2 m 高，应采取阶梯式鱼道、仿自然旁通道等措施保持河道连通性。禁止在划定的保护范围内再建设新的拦河闸坝工程，现有的小水电退役后应及时拆除。

龙州河。龙州河不再进行新的开发，对已建最下游拦河坝采取阶梯式鱼道、仿自然通道或技术型鱼道等过鱼措施。对上游小水电采取下泄流量在线监测和管理措施，保证下游保护河段生态流量。

巡崖河。对巡崖河距离河口 2 km 处滚水坝采取阶梯式鱼道、仿自然通道或技术型鱼道等过鱼措施，禁止在巡崖河干流实施围河造地、采砂、人工捕捞、修建水利水电工程等破坏水生生境的工程建设活动。

3. 昌化江

昌化江中游大广坝库尾至向阳水库河道虽然梯级开发程度较高，但均为低坝或滚水坝，流水生境比例较高，该河段也是目前鱼类资源最为丰富的河段，通过连通性恢复，河段的保护价值得到进一步提升。同时该河段支流众多，较大支流有南巴河、大安河、乐中水、通什水等，干流与支流能够形成多样性的生境条件，成为鱼类重要栖息地。昌化江流域栖息地保护范围干流以大广坝库尾南巴河汇口为起点，终点至新建向阳水库库尾，并包含区间主要支流南巴河、大安河、乐中水、通什水等（图 5.3.5）。

4. 万泉河

万泉河梯级开发程度较低，水量丰沛，水生生境较好，万泉河下游及河口区域生境多样性高，鱼类丰富，结合连通性恢复，建议将干流牛路岭坝址以下至入海口、北源船埠坝址以下全部作为栖息地保护河段，并结合万泉河国家级水产种质资源保护区保护，加强该河段管理，使其成为万泉河流域乃至整个海南岛鱼类保护区，建议将该河段建成海南省万泉河鱼类自然保护区（图 5.3.6）。

| （a）乐东县城江段及拦河坝 | （b）向阳库尾以上河段生境现状 |

（c）通什水汇口生境现状　　　　　　　（d）通什水下游河段生境现状

（e）乐中水下游河段生境现状　　　　　　（f）南巴河下游河段生境现状

图 5.3.5　昌化江中上游干支流生境现状

　　万泉河南源和北源源头区均植被良好，人类活动干扰较少，鱼类资源丰富，为了保护山溪型鱼类，将北源红岭库尾以上河段、南源乘坡库尾以上河段作为鱼类栖息地加以保护。

（a）万泉河烟园以下河段生境现状　　　　（b）万泉河石壁镇河段生境现状

（c）万泉河嘉积坝　　　　　　　　　　（d）万泉河嘉积以下河段生境现状

图 5.3.6　万泉河生境现状

5. 陵水河

陵水河上游山溪型鱼类丰富,其中有陵水河水系特有的保亭近腹吸鳅、多鳞枝牙鰕虎鱼,且主要分布于河流上游,因此为了保护这些鱼类的生境,拟将梯村坝址以上至源头、支流保亭水全部作为鱼类栖息地加以保护。陵水河下游由于陵水县城堤防建设,两岸硬化至入海口,河流渠道化严重,受城镇污染也较重,鱼类资源中外来鱼类罗非鱼占比非常大,而土著鱼类较少,因此不作为栖息地保护(图 5.3.7)。

6. 其他重要河流

其他重要河流主要是结合《北门江天角潭水利枢纽环境影响报告书》,将北门江支流太平河源头至北门江汇口 19 km 河段作为鱼类栖息地保护区。保护目标是保护河段中鱼类繁殖、育幼生境场所及分布的鱼类。保护措施主要有设立标志牌,加强水生生态环境管理和监测,将河源区设为常年禁捕区,避免人为干扰对栖息地保护河段的水生生境破坏。

（a）陵水河上游生境状况　　　　　　　　　（b）陵水河上游生境状况

（c）陵水河梯村坝　　　　　　　　　（d）陵水河下游挡潮坝及护岸工程

图 5.3.7　陵水河生境现状

5.3.3　连通性恢复

河流连通性破坏是河流生物多样性下降、生态功能受损的重要因素。《中华人民共和国水法》第三章第二十七条规定"在水生生物洄游通道、通航或者竹木流放的河流上修建永久性拦河闸坝，建设单位应当同时修建过鱼、过船、过木设施，或者经国务院授权的部门批准采取其他补救措施，并妥善安排施工和蓄水期间的水生生物保护、航运和竹木流放，所需费用由建设单位承担。"《中华人民共和国渔业法》第四章第三十二条规定"在鱼、虾、蟹洄游通道建闸、筑坝，对渔业资源有严重影响的，建设单位应当建造过鱼设施或者采取其他补救措施"。海南岛河流流程较短，河口鱼类和洄游性鱼类丰富，但目前已建的拦河工程基本上未建设过鱼设施，导致花鳗鲡、鳗鲡等洄游性鱼类和河口鱼类分布范围缩小、种群资源下降，因此急需开展连通性恢复。

1. 南渡江

南渡江流域有洄游鱼类花鳗鲡、鳗鲡等，同时有半洄游性鱼类黄尾鲴、草鱼、赤眼鳟、鲢、鳙、鲮、三角鲂等。部分鱼类完成生活史所需空间相对较大，调查区域干流江段存在一定的繁衍栖息的条件，维持种群延续。但由于大坝的阻隔影响，可能造成鱼类种群及其遗传交流受阻，鱼类生境的片段化和破碎化导致形成大小不同的异质种群，种群间基因不能交流，使各个种群将受到不同程度的影响。因此，为减缓规划实施后阻隔鱼类生境的影响，促进坝址上下游鱼类交流，建设论证和实施鱼类过鱼设施是必要的。

南渡江流域干流已建梯级有松涛、迈湾、谷石滩、九龙滩、金江、东山、龙塘等，均未建设过鱼设施。由于松涛水库已建成近 50 年，多年来基本上不下泄流量，松涛坝址以上基本上与下游隔离，因此暂不考虑松涛大坝补建过鱼设施。（表 5.3.4）。

表 5.3.4　南渡江流域连通性恢复措施

枢纽工程	连通性恢复措施
迈湾水利枢纽工程	技术型鱼道或升鱼机
谷石滩水电站	技术型鱼道或仿自然旁通道
九龙滩水电站	绕坝仿自然旁通道或鱼道
金江水电站	绕坝建设仿自然旁通道或鱼道
东山水库	仿自然旁通道
龙塘水电站	补建鱼道

1）迈湾水利枢纽工程

迈湾水利枢纽工程位于南渡江中游，坝高 78.5 m，坝址处河道狭窄，没有航运要求。水库正常蓄水位水位 108 m，死水位 72 m，消落幅度达 36 m。工程区不具备建设仿自然旁通道以及鱼闸基本条件，同时坝址区右岸地形较陡，左岸相对平缓，发电厂房位于右岸。从流域已建/在建工程过鱼设施选择以及该工程区建设条件来看，迈湾过鱼设施考虑采用技术型鱼道或升鱼机。

2）谷石滩水电站

谷石滩水电站坝址位于南渡江中游，最大坝高 14.0 m，坝址两岸地形较开阔。水库正常蓄水位 52.5 m，死水位 52.0 m。谷石滩水电站环评报告提出"截流建坝，会影响鱼、虾的洄游和半洄游，对河流的生态环境有一定的影响，因此工程建设时，可设置渔道"。根据其枢纽区地形、工程特性等，可考虑采用技术型鱼道或仿自然旁通道设施开展过鱼。

3）九龙滩水电站

九龙滩水电站坝址位于南渡江中游，最大坝高约 10 m，水库正常蓄水位 40.7 m。九龙滩水电站大坝为滚水坝，已运行超过 40 年，部分设施已年久失修，难以结合坝身建设过鱼设施。枢纽区地形开阔，水头较低，可考虑采取绕坝建设仿自然旁通道或技术型鱼道。

4）金江水电站

金江水电站坝址位于南渡江下游，拦河坝为翻板坝，最大水头仅 3 m，水库正常蓄水位 27.7 m，死水位 27.6 m。金江水电站环评批复要求"设置鱼类洄游通道，保护花鳗鲡等洄游鱼类资源"。金江水电站水头较低，库区及下游两岸已建设防洪堤工程，可考虑采取绕坝建设仿自然旁通道或技术型鱼道。

5）东山水库和龙塘水电站

南渡江流域干流在建南渡江引水工程其环评批复意见（环审[2015]163 号）针对做好水生生态保护工作，提出采取东山水库仿自然旁通道、补建龙塘电站鱼道等补救措施，蓄水前完成各项鱼类保护措施建设。

2. 昌化江

昌化江中下游已建戈枕、大广坝两座大型水库,最大坝高分别为 34 m、57 m,总库容分别为 1.35 亿 m³、17.1 亿 m³。昌化江戈枕坝址以下河段由于两座大型水库以及下游主要支流石碌河石碌水库水资源利用,导致下游河段水量大幅减少;昌江县等城镇污水排放导致下游水污染较重;下游河段挖砂对河道破坏严重;河口区域大面积高位池养虾破坏河口湿地,污水排放等,导致下游鱼类资源十分匮乏。昌化江干流大广坝库尾至河源已建十多级中小电站,河流连通性遭到破坏,河流源头生境状况堪忧。

昌化江中下游戈枕、大广坝如补建鱼道,一是坝下鱼类资源本身不丰富,鱼类上溯需求不大,二是鱼类即使过坝,过坝后即进入狭长形水库,可能难以找到适宜生境,因此不建议补建戈枕、大广坝过鱼设施。昌化江源头以山溪型小型鱼类为主,一般适宜于较小流水生境,洄游需求不强,且上游梯级开发和生境破坏较重,因此也不建议补建过鱼设施。

通过鱼类资源调查,大广坝库中、库尾河道鱼类资源十分丰富,其中产漂流性卵鱼类鲮的种群规模亦较大。且大广坝库尾至向阳坝址均为堤坝或滚水坝,连通性恢复难度小、效果也较好。因此而建议将大广坝库尾以上至拟建的向阳水库河道进行连通性恢复。主要过鱼季节为产漂流性卵鱼类的繁殖期 5~7 月,正处于河流丰水期。

大广坝库尾至向阳坝址有 5 座低坝或滚水坝,其中滚水坝采用阶梯式鱼道,低坝采用仿自然旁通道(表 5.3.5)。

表 5.3.5　昌化江流域连通性恢复措施

枢纽工程	连通性恢复措施
向阳水电站	技术型鱼道
滚水坝	阶梯式鱼道
低坝	仿自然旁通道
南巴河水库	技术型鱼道

3. 万泉河

万泉河在三大河流中梯级开发程度相对较低,生态环境也较好,建议将牛路岭坝址以下至入海口全部河段进行连通性恢复,这区间仅有两个拦河坝,且均为滚水坝,即烟园和嘉积,恢复难度亦较小。

嘉积坝坝高 6.8 m,额定水头 3.5 m,高水位时水流溢坝而过,但低水位时水流主要通过发电厂房下泄。嘉积坝过鱼设施主要过鱼对象为花鳗鲡、日本鳗鲡等河海洄游性鱼类和河口鱼类,花鳗鲡幼苗上溯时间一般在 12 月至次年 4 月,主要集中在 3~4 月,正处于河流枯水期,如建设阶梯式鱼道将不可行,因此建议在嘉积坝右岸建设仿自然旁通道。

烟园水电站额定水头 6.8 m,坝高约 10 m,建议在左岸建设仿自然旁通道（表5.3.6）。

表5.3.6　万泉河流域连通性恢复措施

枢纽工程	连通性恢复措施
嘉积坝水电站	右岸建设仿自然旁通道
烟园水电站	左岸建设仿自然旁通道

4. 陵水河

陵水河梯级开发程度较低,干流仅梯村坝,但梯村坝位于河流中游,对河流连通性破坏严重。根据当地渔民反映,大量鱼类被阻隔于坝下,坝下成为鱼类聚集区域,也成为渔民捕捞的重点区域,其中不乏鳗鲡等河海洄游性鱼类。因此梯村坝应补建过鱼设施。梯村坝水头约 5 m,建议采用仿自然旁通道。

5.3.4　鱼类物种保育与增殖放流

海南岛各河流水电梯级、水库建设及过度捕捞等原因,根据调查及走访当地渔民得知鱼类资源较以往已有大幅度下降。海南岛是典型海岛型生态系统,其淡水鱼类的特有性也较高,一些珍稀特有鱼类如大鳞鲢、高体鳜等在海南岛已极危罕见甚至绝迹,因此要抓紧开展珍稀特有鱼类的物种保育工作,系统梳理珍稀特有鱼类种群现状,开展鱼类生物学研究和人工保种等研究,切实保护海南岛淡水鱼类多样性。另外,对鱼类开展增殖放流是补偿鱼类资源衰退、保护珍稀濒危鱼类种群延续以及补充经济鱼类资源的一项重要措施之一。增殖放流站的建设对于缓解水利水电工程对所在流域水生生物资源的不利影响起到积极的作用,是恢复该流域鱼类资源的重要途径,建议根据主要河流水利水电开发情况,依托水利水电业主,开展增殖放流规划,系统布局鱼类增殖放流站,协同开展珍稀特有鱼类和主要经济鱼类的增殖放流工作。

5.3.5　生态调度

1. 调度目标

生态调度目标主要包括以下两个方面。

（1）生态基流泄放,以河道内生态基流为最低保障目标,保障河道最基本的生态需水。

（2）针对特定生态过程需求的生态调度,主要是针对产漂流性卵鱼类产卵繁殖时需要一定的涨水过程而进行的生态调度。

2. 调度原则

对于生态基流,根据《水电水利建设项目河道生态用水、低温水和过鱼设施环境影响评价技术指南（试行）》,以水文学中的 Tennant 法计算的最小生态需水量作为环评审查的红线约束指标，即最小生态需水量不应小于河道控制断面多年平均流量的 10%（当多年平均流量大于 80 m³/s 时按 5% 取用）。为强化生态流量对维持河流水生生态系统的重要作用，建议在水生生物丰富河段，电站下泄生态流量原则上不得低于坝址处多年平均径流量的 30%（曹晓红，2013）。

对于产漂流性卵鱼类的生态调度，一般要求在鱼类繁殖期，根据河流天然水文特征，模拟天然情况下的洪峰过程。

3. 调度方法

《海南省水网建设规划》针对海南省 8 条主要河流，确定 15 个生态流量控制断面。根据各河流水资源条件、水生态系统保护需求等，提出生态基流保障参考目标，见表 5.3.7。

表 5.3.7　海南省主要河流控制断面生态基流保障目标

河流	控制断面	生态流量/（m³/s）
南渡江	松涛水库	汛期 15.6；非汛期 5.2
	迈湾水库	4.89
	东山坝	14.4
	龙塘坝	22.5
昌化江	乐东	汛期 20.9；非汛期 7.2
	大广坝水库	汛期 30.6；非汛期 10.2
	石碌水库	汛期 3；非汛期 1
	宝桥	汛期 39.6；非汛期 13.2
	向阳水库	汛期 15.74；非汛期 6.0
万泉河	牛路岭水库	汛期 18；非汛期 7.2
	红岭水库	4.72
	嘉积坝	汛期 47；非汛期 18.8
陵水河	梯村坝	汛期 3.3；非汛期 1.1
	陵水河河口	汛期 11.47；非汛期 3.82
宁远河	大隆水库	汛期 6.9；非汛期 2.3
	宁远河河口	汛期 7.55；非汛期 2.52
北门江	天角潭水库	10 月～翌年 5 月 0.9；6～9 月 2.7
	北门江河口	汛期 12.59；非汛期 4.20
太阳河	万宁水库	汛期 5.7；非汛期 1.9
	太阳河河口	汛期 9.23；非汛期 3.08
望楼河	长茅水库	汛期 1.65；非汛期 0.55
	望楼河河口	汛期 5.48；非汛期 1.83

河流	控制断面	生态流量/（m³/s）
南巴河	南巴河水库	汛期 1.71；非汛期 0.57
春江	春江河口	汛期 2.95；非汛期 0.98
珠碧江	珠碧江河口	汛期 5.71；非汛期 1.90
三亚河	三亚河口	汛期 2.49；非汛期 0.83
文教河	文教河口	汛期 4.01；非汛期 2.92

为满足鱼类繁殖生态用水要求，对三大江河下游控制断面提出产卵期（3～7 月）适宜生态流量参考值，见表 5.3.8。

表 5.3.8　海南省三大江河鱼类产卵适宜生态流量

河流	控制断面	鱼类产卵期（3～7 月）适宜生态流量
南渡河	龙塘坝	3～7 月期间下泄 60.0 m³/s 并维持连续 7～15 d
昌化江	宝桥	3～5 月期间下泄 32.3 m³/s 并维持连续 7～15 d，6～7 月按汛期生态流量 38.8 m³/s 泄放
万泉河	嘉积坝	3～5 月期间下泄 43.4 m³/s 并维持连续 7～15 d，6～7 月按汛期生态流量 47.0 m³/s 泄放

5.3.6　人工鱼巢设置

海南岛淡水鱼类以产黏沉性卵鱼类为主。拦河筑坝、采砂、河道整治等都对鱼类产卵场产生较大影响，梯级水库水位变动频繁，将直接影响产黏性鱼类的繁殖，使黏性卵暴露于水面以外，或者沉入水底，可通过设置人工鱼巢满足产黏性卵鱼类的繁殖要。人工鱼巢可布置在各梯级库区及支流集中产卵地点，以及河流下游河道开阔、水流平缓处，实施时间选择鱼类主要繁殖期 2～7 月。可就地取材，采用棕榈叶等材料制作人工鱼巢，并加强管理和维护，开展人工鱼巢效果监测，及时优化和改进人工鱼巢设置。

5.3.7　建议加强渔政管理

（1）严格禁止在鱼类栖息地保护河段开展捕捞作业，严格落实禁渔期制度，坚决取缔不合法、不合规渔具、渔法。

（2）加强生态环境保护宣传，通过多种形式宣传国家关于保护鱼类资源和生态环境的法律法规，让居民知晓保护环境就是保护人类自身，积极参与到鱼类资源保护和生态环境的建设中。

（3）加强水库渔业管理，水库成库后水流减缓，水体自净能力下降，同时库区浮游生物量增加，水体出现富营养化的可能性增加。应控制和管理在库区进行网箱养鱼及其他可能对库区水环境造成污染、带来生物入侵风险等的产业。

（4）加强对外来物种的防范和宣传教育，杜绝将养殖或观赏的外来物种放生至天然水体。对已在天然水体中存在的外来物种，可通过捕杀等放生加以控制，并采取防范措施避免外来物种继续扩散。

5.3.8 河流生态长期监测

通过对海南岛主要河流的浮游植物、浮游动物、着生藻类、底栖动物、鱼类种群动态、鱼类产卵场等进行监测，及时反映河流生态环境时空变化趋势，为鱼类和水生生物多样性的保护及水质科学管理提供科学的依据。主要监测内容如下：

（1）水生生态要素监测。水化学、流速、流量、水温、流态等环境因子，以及浮游植物、浮游动物、着生藻类、底栖动物等水生生物的种类、分布、密度、生物量。

（2）鱼类种群动态及群落组成变化监测。鱼类的种类组成、种群结构、资源量的时空分布及累积变化效应，重点监测珍稀保护及特有鱼类的种群动态及鱼类群落构成的变化趋势。

（3）早期资源监测。早期资源种类组成与比例、时空分布、早期资源量、水文要素（温度、流速、水位）、产卵场的分布与规模变化、繁殖时间和繁殖种群的规模。

蔡杏伟, 隋昕融, 李高俊, 等, 2021. 海南岛陵水河流域淡水鱼类群落结构及历史变化研究[J]. 生物资源, 43(6): 552-559.

陈辈乐, 陈湘粦, 2008. 海南鹦哥岭地区的鱼类物种多样性与分布特点[J]. 生物多样性(1): 44-52.

陈大庆, 2014. 河流水生生物调查指南[M]. 北京: 科学出版社.

陈宜瑜, 1998. 中国动物志 硬骨鱼纲 鲤形目: 中卷[M]. 北京: 科学出版社.

陈治, 蔡杏伟, 张清凤, 等, 2022. 海南岛淡水鱼类环境 DNA 宏条形码参考数据库的初步构建及比较分析[J]. 南方水产科学, 18(3): 1-12.

陈治, 蔡杏伟, 申志新, 等, 2023. 海南岛淡水鱼类 eDNA 宏条形码 COI 通用引物的筛选[J]. 渔业科学进展, 44(6): 40-57.

褚新洛, 郑葆珊, 戴定远, 1999. 中国动物志 硬骨鱼纲 鲇形目[M]. 北京: 科学出版社.

何芳芳, 2010. 海南岛淡水鱼类多样性及其保护[D]. 广东: 华南师范大学.

黄丹, 2022. 万泉河雅寨段水生生物资源和水域生态环境调查与评价研究[D]. 海口: 海南大学.

乐佩琦, 陈宜瑜, 1998. 中国濒危动物红皮书·鱼类[M]. 北京: 科学出版社.

乐佩琦, 等, 2000. 中国动物志 硬骨鱼纲 鲤形目: 下卷[M]. 北京: 科学出版社.

李高俊, 顾党恩, 蔡杏伟, 等, 2020. 海南岛"两江一河"淡水土著鱼类的种类组成与分布现状[J]. 淡水渔业, 50(6): 15-22.

李红敬, 赵万鹏, 2003. 海南森林溪流淡水鱼类区系及动物地理初步研究[J]. 水利渔业, 23(4): 43-46.

李红敬, 侯智恒, 陈辈乐, 等, 2002. 海南森林溪流淡水鱼类区系及动物地理初报[J]. 淡水渔业, 32(6): 49-52.

李龙兵, 王旭涛, 林尤文, 等, 2020. 海南省万泉河流域水生态健康评估[M]. 北京: 中国水利水电出版社.

李新辉, 李捷, 李跃飞, 2020. 海南岛淡水及河口鱼类原色图鉴[M]. 北京: 科学出版社.

李钊, 2019. 万泉河流域污染防治与生态修复探析: 基于琼海境内万泉河流域的调查[J]. 新东方(1): 21-26.

刘保, 2008. 南渡江下游河流生态系统健康评价研究[J]. 人民珠江(6): 43-45, 70.

申志新, 李高俊, 蔡杏伟, 等, 2018. 海南省淡水野生鱼类多样性演变及保护建议[J]. 中国水产, 516(11): 56-60.

申志新, 王德强, 李高俊, 等, 2021. 海南淡水及河口鱼类图鉴[M]. 北京: 中国农业出版社.

谭智源, 1998. 中国动物志 原生动物门 肉足虫纲[M]. 北京: 科学出版社.

汪松, 解焱, 2004. 中国物种红色名录[M]. 北京: 高等教育出版社.

王家楫, 1961. 中国淡水轮虫志[M]. 北京: 科学出版社.

魏印心, 胡鸿钧, 2006. 中国淡水藻类——系统、分类及生态[M]. 北京: 科学出版社.

余梵冬, 王德强, 顾党恩, 等, 2018. 海南岛南渡江鱼类种类组成和分布现状[J]. 淡水渔业, 48(2): 58-67.

张觉敏, 何志辉, 等, 1991. 内陆水域渔业资源调查手册[M]. 北京: 中国农业出版社.

张祥永, 刘海龙, 周语夏. 2019. 基于生态系统服务的南渡江流域河流保护与修复策略研究[C]//中国水利学会. 中国水利学会 2019 学术年会论文集第一分册, 北京: 中国水利水电出版社.

章宗涉, 黄祥飞, 1995. 淡水浮游生物研究方法[M]. 北京: 科学出版社.

中国科学院动物研究所甲壳动物研究组, 1979. 中国动物志 节肢动物门 甲壳纲 淡水枝角类[M]. 北京: 科学出版社.

中国科学院动物研究所甲壳动物研究组, 1979. 中国动物志 节肢动物门 甲壳纲 淡水桡足类[M]. 北京: 科学出版社.

中国科学院中国孢子植物志编辑委员会, 2018. 中国淡水藻志(1988—2016 年, 20 卷)[M]. 北京: 科学出版社.

中国水产科学研究院珠江水产研究所, 等, 1991. 广东淡水鱼类志[M]. 广州: 广东科技出版社.

中国水产研究院珠江水产研究所, 1986. 海南岛淡水及河口鱼类志[M]. 广州: 广东科技出版社.

周凤霞, 2005. 淡水微型生物图谱[M]. 北京: 化学工业出版社.

朱松泉, 1989. 中国条鳅志[M]. 南京: 江苏科学技术出版社.

朱松泉, 1995. 中国淡水鱼类检索[M]. 南京: 江苏科学技术出版社.

附　表

附表 1.1　浮游植物名录（南开河～石碌坝下）

种类		南渡江															昌化江					
		南开河	松涛库尾	松涛库中	迈湾	九龙滩库中	金江库中	东山	河口	腰子河	大塘河	龙州河	巡崖河	向阳	大广坝库尾	大广坝库中	戈枕库尾	昌化江下游	通什水	乐中水	南巴河	石碌库尾	石碌坝下
硅藻门		15	14	6	17	16	8	15	16	23	14	9	5	17	19	9	9	17	12	14	16	12	10
长刺根管藻	*Rhizosolenia longiseta*						+																
扎卡四棘藻	*Attheya zachariasi*	+																					
颗粒沟链藻	*Aulacoseira granulata*		+																				
颗粒沟链藻最窄变种	*Aulacoseira granulata var. angustissima*		+			+	+	+	+		+			+			+	+		+		+	+
螺旋颗粒沟链藻	*Aulacoseira granulata var. angustissima f. spiralis*	+	+		+	+		+	+	+		+	+	+	+	+	+	+	+	+	+		+
模糊沟链藻	*Aulacoseira ambigua*		+		+	+		+				+			+	+	+			+			+
变异直链藻	*Melosira varians*									+	+	+	+	+								+	
海链藻	*Thalassiosira sp.*						+			+													
水链藻	*Hydrosera sp.*										+												
小环藻	*Cyclotella sp.*	+	+	+	+	+		+	+		+	+	+		+		+	+	+	+	+	+	+
弧形蜈眉藻	*Ceratoneis arcus*				+					+													

种类		南渡江												昌化江									
		南开河	松涛库尾	松涛库中	迈湾	九龙滩库中	金江库中	东山	河口	腰子河	大塘河	龙州河	巡崖河	向阳	大广坝库尾	大广库中	戈枕库尾	昌化江下游	通什水	乐中水	南巴河	石碌库尾	石碌坝下
奇异杆状藻	Bacillaria paradoxa	+												+				+					
美丽星杆藻	Asterionella formosa		+																				
脆杆藻	Fragilaria sp.	+	+		+	+			+	+	+	+										+	+
巴豆叶脆杆藻	Fragilaria crotoneisis					+											+						
肘状脆杆藻	Synedra ulna	+	+			+		+	+	+	+												
连结脆杆藻	Fragilaria construens									+										+			
尖针杆藻	Synedra acus	+	+	+	+	+	+		+	+	+	+	+	+	+	+	+	+	+		+	+	+
布纹藻	Gyrosigma sp.		+		+																		
细布纹藻	Cymbella lunata					+		+			+												
羽纹藻	Pinnularia sp.													+	+		+	+	+		+	+	
中突羽纹藻	Pinnularia mesolepta																				+		
舟形藻	Navicula sp.	+																					
隐头舟形藻	Navicula cryptocephala	+	+	+	+			+	+	+	+	+		+	+			+	+		+	+	+
双头舟形藻	Navicula dicephala			+						+				+					+		+	+	+
瞳孔舟形藻	Navicula pupula		+							+									+	+		+	
尖头舟形藻	Navicula cuspidata				+													+	+				+
放射舟形藻	Navicula radiosa	+			+					+													
英吉利舟形藻	Navicula anglica													+		+		+	+		+		

·147·

续表

种类		南渡江												昌化江							
		南开河	松涛库尾	松涛库中	迈湾	九龙滩库中	金江库中	东山河口	腰子河	大塘河	龙州河	巡崖河	向阳	大广坝库尾	大广坝库中	戈枕库尾	昌化江下游	通什乐中水	南巴河	石碌库尾	石碌坝下
长圆舟形藻	*Navicula oblonga*																+				
羽纹藻	*Pinnularia* sp.			+	+																
桥弯藻	*Cymbella* sp.	+																			
近缘桥弯藻	*Cymbella affinis*							+		+											
细小桥弯藻	*Cymbella pusilla*				+			+		+											
minuta桥弯藻	*Cymbella minuta*	+		+	+	+		+	+	+											
异极藻	*Gomphonema* sp.	+			+																
窄异极藻	*Gomphonema angutatum*													+				+			
中间异极藻	*Gomphonema intricatum*								+					+			+	+	+		
扁圆卵形藻	*Cocconeis placentula*														+				+		
柄卵形藻	*Cocconeis pediculus*												+								
箱型桥弯藻	*Cymbella cistula*												+	+	+		+	+		+	+
近缘桥弯藻	*Cymbella affinis*												+	+				+			
细小桥弯藻	*Cymbella pusilla*												+	+			+	+		+	
微细桥弯藻	*Cymbella parva*																		+	+	
小桥弯藻	*Cymbella laevis*																	+	+	+	
双尖菱板藻	*Hantzschia amphioxys*										+										
曲壳藻	*Achmanthes* sp.	+	+	+	+	+	+	+	+	+											

续表

种类	南渡江													昌化江								
	南开河	松涛库尾	松涛库中	迈湾	九龙滩库中	金江库中	东山	河口	腰子河	大塘河	龙州河	巡崖河	向阳	大广坝库尾	大广坝库中	戈枕库尾	昌化江下游	通什水	乐中水	南巴河	石碌库尾	石碌坝下
菱形藻 *Nitzschia* sp.								+	+								+					
谷皮菱形藻 *Nitzschia palea*		+	+	+	+		+			+	+		+	+			+		+	+	+	
泉生菱形藻 *Nitzschia fruticosa*		+	+	+										+	+				+	+		+
中型菱形藻 *Nitzschia intermedia*		+						+	+		+			+					+			
双菱藻 *Surirella* sp.				+						+												
粗壮双菱藻 *Surirella robusta*	+			+	+		+	+	+				+		+			+	+	+		+
线形双菱藻 *Surirella linearis*		+					+		+				+					+		+	+	
卵形双菱藻 *Surirella ovata*					+		+		+					+								
长锥形锥囊藻 *Dinobryon bavaricum*		+		+	+					+												
蓝藻门	3	7	7	5	10	5	7	2	7	5	5	6	1	2	2	6	4	3	8	3	1	6
铜绿微囊藻 *Microcystis aeruginosa*			+	+	+	+	+		+	+	+	+		+	+	+		+	+	+		
微囊藻 *Microcystis* sp.		+	+	+	+		+	+		+	+	+				+		+		+		+
具缘微囊藻 *Microcystis marginata*		+	+	+			+	+		+						+			+			
平裂藻 *Merismopedia* sp.	+	+		+	+		+		+	+	+		+			+		+	+		+	+
银灰平裂藻 *Merismopedia glauca*		+		+	+		+	+	+	+			+			+		+	+	+	+	+
色球藻 *Chroococcus* sp.		+									+								+			+
螺旋藻 *spirulina* sp.			+		+	+	+	+	+	+	+	+		+	+	+	+			+		+
鱼腥藻 *Anabaena* sp.																+	+		+			

续表

南渡江列：南开河、松涛库尾、松涛库中、迈湾、九龙滩库中、金江库中、东山、河口、腰子河、大塘河、龙州河、巡崖河、向阳；昌化江列：大广坝库尾、大广坝库中、戈枕库尾、昌化江下游、通什中水、乐中水、南巴河、石碌库尾、石碌坝下。

种类	南开河	松涛库尾	松涛库中	迈湾	九龙滩库中	金江库中	东山	河口	腰子河	大塘河	龙州河	巡崖河	向阳	大广坝库尾	大广坝库中	戈枕库尾	昌化江下游	通什中水	乐中水	南巴河	石碌库尾	石碌坝下
尖头藻 *Raphidiopsis* sp.																+						
水华鱼腥藻 *Anabaenaflos aquae*														+								
席藻 *Phormidium* sp.					+																	
小席藻 *Phormidium tenue*	+	+	+	+	+		+			+				+			+	+	+	+		+
颤藻 *Oscillatoria* sp.							+												+			
小颤藻 *Oscillatoria temuis*		+	+	+			+		+			+		+			+			+		
尖细颤藻 *Oscillatoria acuminata*						+																
颗粒颤藻 *Oscillatoria gramulata*												+										
细小隐球藻 *Aphanocapsa elacjista*					+	+																
鞘丝藻 *Lyngbya* sp.	+	+	+		+		+				+		+								+	
束丝藻 *Aphanizomenon* sp.					+																	
绿藻门	7	9	6	5	13	6	14	3	7	4	8	14	1	9	7	13	4	6	17	3	4	14
衣藻 *Chlamydomonas* sp.		+			+		+		+					+			+		+		+	
尖角翼膜藻 *Pteromonas aculeata*		+																+				
空球藻 *Eudorina elegans*		+					+					+						+				
实球藻 *Pandorina morum*																			+			+
小球藻 *Chlorella vulgaris*					+												+		+		+	+
水溪绿球藻 *Chlorococcum infusionum*					+												+					+

续表

种类		南渡江													昌化江								
		南开河	松涛库尾	松涛库中	迈湾	九龙滩库中	金江库中	东山	河口	腰子河	大塘河	龙州河	巡崖河	向阳	大广坝库尾	大广库中	戈枕库尾	昌化江下游	通什水	乐中水	南巴河	石碌库尾	石碌坝下
微芒藻	*Micractinium pusillum*												+										
纤维藻	*Ankistrodesmus* sp.			+																+			+
镰形纤维藻	*Ankistrodesmus falcatus*	+													+	+				+			
狭形纤维藻	*Ankistrodesmus angustus*	+					+	+		+					+								
粗刺四刺藻	*Treubaria crassispina*											+	+							+			
胶网藻	*Dictyosphaerium* sp.											+											
美丽胶网藻	*Dictyosphaerium pulchellum*												+				+						
卵囊藻	*Oocystis* sp.			+		+		+		+	+	+	+				+			+	+		
月牙藻	*Selenastrum bibraianum*											+				+	+	+					
微小四角藻	*Tetraëdron minimum*		+	+		+							+		+		+	+					
具尾四角藻	*Tetraëdron caudatum*															+							
十字藻	*Crucigenia apiculata*			+	+	+	+	+		+	+	+	+							+			+
蹄形藻	*Kirchneriella lunaris*											+											+
并联藻	*Quadrigula chodatii*			+									+										
月形双形藻	*Dimorphococcus lunatus*																+						+
空星藻	*Coelastrum* sp.					+																	+
小空星藻	*Coelastrum microporum*		+																				
网状空星藻	*Coelastrum reticulatum*		+				+	+					+										

续表

种类		南渡江													昌化江								
		南开河	松涛库尾	松涛库中	迈湾	九龙滩库中	金江库中	东山	河口	腰子河	大塘河	龙州河	巡崖河	向阳	大广坝库尾	大广坝库中	戈枕库尾	昌化江下游	通什水	乐中水	南巴河	石碌库尾	石碌坝下
集星藻	*Actinastrum hantzschii*	+						+															
单角盘星藻具孔变种	*Pediastrum simplex var.duodenarium*		+			+	+								+	+	+		+				
二角盘星藻	*Pediastrum duplex*											+			+					+		+	+
二角盘星藻纤细变种	*Pediastrum duplex var.gracillimum*	+	+																				
四角盘星藻	*Pediastrum tetras*					+		+												+			
短棘盘星藻	*Pediastrum boryanum*				+		+	+					+										
整齐盘星藻	*Pediastrum integrum*																		+	+			+
栅藻	*Scenedesmus* sp.	+	+	+	+	+	+	+	+	+	+	+	+		+	+	+	+	+	+	+	+	+
四尾栅藻	*Scenedesmus quadricauda*	+	+						+			+										+	+
二形栅藻	*Scenedesmus dimorphus*							+					+	+						+			+
齿牙栅藻	*Scenedesmus denticulatus*							+															+
水绵	*Spirogyra* sp.														+				+				
新月藻	*Closterium* sp.							+		+					+				+	+			
鼓藻	*Cosmarium* sp.					+				+	+												
扁鼓藻	*Cosmarium depressum*																+						
圆鼓藻	*Cosmarium rotundum*							+									+						
中带鼓藻	*Mesotaenium* sp.														+								

续表

	种类	南渡江												昌化江								
		南开河	松涛库尾	松涛库中	迈湾	九龙滩库中	金江库中	东山河口	腰子河	大塘河	龙州河	巡崖河	向阳	大广坝库尾	大广坝库中	戈枕库尾	昌化江下游	通什水	乐中水	南巴河	石碌库尾	石碌坝下
角星鼓藻	*Staurastrum sp.*				+																+	
具齿角星鼓藻	*Staurastrum indentatum*	+				+										+						+
曼弗角星鼓藻	*Staurastrum manfeldtii*			+											+	+						
马哈微星鼓藻	*Micrasterias mahabuleshwarensis*																			+		
项圈顶棘鼓藻	*Cosmarium moniliforme*														+	+						
甲藻门		0	0	1	1	3	1	1	0	0	2	1	0	0	2	2	2	0	1	1	0	0
飞燕角甲藻	*Ceratium hirundinella*					+					+	+			+	+	+		+	+		
多甲藻	*Peridinium sp.*			+		+	+	+			+				+	+	+					
薄甲藻	*Glenodinium sp.*				+	+																
裸甲藻	*Gymnodinium sp.*																					
拟多甲藻	*Peridiniopsis sp.*																					
金藻门		0	1	0	1	0	1	0	2	0	0	1	2	3	1	1	0	2	0	0	3	0
分歧锥囊藻	*Dinobryon divergens*		+				+		+			+	+	+	+	+		+			+	
圆筒形锥囊藻	*Dinobryon cylindricum*				+				+				+	+				+			+	
长锥形锥囊藻	*Dinobryon bavaricum*													+							+	
隐藻门		1	2	2	1	3	2	3	3	3	3	3	2	3	3	3	1	2	2	1	1	2
尖尾蓝隐藻	*Chroomonas acuta*	+	+	+	+	+	+	+	+	+	+	+	+	+	+	+	+	+	+	+	+	+

续表

种类		南渡江															昌化江						
		南开河	松涛库尾	松涛库中	迈湾	九龙滩库中	金江库中	东山	河口	腰子河	大塘河	龙州河	巡崖河	向阳	大广坝库尾	大广坝库中	戈枕库尾	昌化江下游	通什水	乐中什水	南巴河	石碌库尾	石碌坝下
卵形隐藻	*Cryptomonas ovata*					+									+		+						+
啮蚀隐藻	*Cryptomonas erosa*		+			+	+	+	+	+	+	+	+		+	+	+	+	+	+	+		+
裸藻门		0	3	1	0	6	0	0	0	0	1	3	1	0	1	0	0	1	1	4	0	0	2
裸藻	*Euglena* sp.			+														+		+			
尾裸藻	*Euglena caudata*					+																	
尖尾裸藻	*Euglena oxyuris*		+									+								+			+
梭形裸藻	*Euglena acus*		+																				
囊裸藻	*Trachelomonas* sp.					+					+	+			+					+			
旋转囊裸藻	*Trachelomonas volvocina*					+																	
扁裸藻	*Phacus* sp.					+						+	+							+			+
陀螺藻	*Strombomonas* sp.																		+				
长尾扁裸藻	*Phacus longicauda*		+			+																	
陀螺藻	*Strombomonas* sp.					+																	
合计		26	35	23	28	51	24	40	25	41	27	31	30	20	34	22	31	28	24	47	23	18	34

附表 1.2　浮游植物名录（牛路岭库尾～太阳河）

种类		万泉河								陵水河				春江		珠碧江		望楼河		宁远河		三亚河		太阳河	
		牛路岭库尾	牛路岭坝下	定安河汇口下	嘉积坝下	咬饭河	定安河	加浪河	塔洋河	什玲	汇口下	陵水河	保亭河	春江上游	春江下游	珠碧江上游	珠碧江下游	望楼河上游	望楼河下游	宁远河上游	宁远河下游	三亚河上游	三亚河下游	太阳河上游	太阳河下游
		15	13	19	13	16	21	12	11	20	20	3	15	11	19	18	19	19	9	21	5	6	9	14	15
硅藻门																									
长刺根管藻	*Rhizosolenia longiseta*	+	+	+																	+				
扎卡四棘藻	*Attheya zachariasi*		+																					+	
颗粒沟链藻	*Aulacoseira granulata*						+								+			+			+				+
颗粒沟链藻最窄变种	*Aulacoseira granulata var. angustissima*			+	+			+	+	+			+		+	+	+							+	
螺旋颗粒颗粒沟链藻	*Aulacoseira granulata var. angustissima f. spiralis*	+									+			+								+			+
模糊沟链藻	*Aulacoseira ambigua*	+						+	+	+			+		+	+	+	+	+		+		+		+
变异直链藻	*Melosira varians*	+		+	+	+				+	+		+							+				+	
小环藻	*Cyclotella sp.*	+	+	+	+	+	+	+	+	+	+	+		+	+	+	+	+		+	+	+	+	+	+
普通等片藻	*Diatoma vulgare*					+				+	+														
奇异杆状藻	*Bacillaria paradoxa*																	+							
克洛脆杆藻	*Fragilaria crotoneisis*		+							+						+								+	
连结脆杆藻	*Fragilaria construens*			+	+	+	+	+	+	+	+	+	+		+	+		+		+				+	+
尖针杆藻	*Synedra acus*	+	+	+	+	+	+	+	+	+	+	+	+		+	+	+	+	+	+		+	+	+	+

续表

种类	万泉河									陵水河		春江		珠碧江		望楼河		宁远河		三亚河		太阳河	
	牛路岭库尾	牛路岭坝下	定安河汇口下	嘉积坝下	咬饭河	定安河	加浪河	塔洋河	什玲	陵水河汇口下	保亭河	春江上游	春江下游	珠碧江上游	珠碧江下游	望楼河上游	望楼河下游	宁远河上游	宁远河下游	三亚河上游	三亚河下游	太阳河上游	太阳河下游
肘状针杆藻 *Synedra ulna*	+	+														+							
羽纹藻 *Pinnularia sp.*		+	+			+		+			+	+			+		+		+		+	+	+
隐头舟形藻 *Navicula cryptocephala*	+			+			+	+		+	+			+				+					
双头舟形藻 *Navicula dicephala*		+		+	+	+	+				+	+			+		+		+		+	+	+
卡里舟形藻 *Navicula cari*												+											
瞳孔舟形藻 *Navicula pupula*						+				+	+				+								
尖头舟形藻 *Navicula cuspidata*			+			+	+				+			+				+	+				
放射舟形藻 *Navicula radiosa*													+					+	+				
英吉利舟形藻 *Navicula anglica*	+	+							+	+									+	+			+
长圆舟形藻 *Navicula oblonga*	+				+				+				+										
细圆纹藻 *Gyrosigma kützingii*		+			+	+				+			+	+		+			+				
异极藻 *Gomphonema spp.*	+														+	+							
窄异极藻 *Gomphonema argustatum*								+	+					+			+						
中间异极藻 *Gomphonema intricatum*		+	+					+	+	+	+		+		+			+				+	+
扁圆卵形藻 *Cocconeis placentula*	+	+	+	+	+		+		+	+	+		+	+	+	+	+				+	+	
柄卵形藻 *Cocconeis pediculus*						+			+									+					

续表

种类		万泉河								陵水河			春江		珠碧江		望楼河		宁远河		三亚河		太阳河	
		牛路岭库尾	牛路岭坝下	定安河汇口下	嘉积坝下	咬饭河	定安河	加浪河	塔洋河	什玲	汇口下	保亭河	春江上游	春江下游	珠碧江上游	珠碧江下游	望楼河上游	望楼河下游	宁远河上游	宁远河下游	三亚河上游	三亚河下游	太阳河上游	太阳河下游
曲壳藻	*Achnanthes* sp.	+																						
箱型桥弯藻	*Cymbella cistula*		+		+	+	+	+	+	+	+	+		+	+	+		+	+	+	+	+	+	+
近缘桥弯藻	*Cymbella affinis*			+													+							
细小桥弯藻	*Cymbella pusilla*			+	+			+	+	+	+			+		+			+					
微细桥弯藻	*Cymbella parva*																		+					
小桥弯藻	*Cymbella laevis*					+								+		+						+		
minuta桥弯藻	*Cymbella minuta*														+									
双尖菱板藻	*Hantzschia amphioxys*			+		+	+			+				+	+			+						+
菱形藻	*Nitzschia* sp.			+	+			+	+			+			+									
泉生菱形藻	*Nitzschia fruticosa*	+	+		+	+			+	+	+	+		+		+		+	+		+		+	+
中型菱形藻	*Nitzschia intermedia*												+											
粗壮双菱藻	*Surirella robusta*					+	+							+	+				+					+
线形双菱藻	*Surirella linearis*	+								+	+		+	+	+			+	+		+		+	+
卵形双菱藻	*Surirella ovata*			+			+							+					+				+	
茧形藻	*Amphiprora* sp.																		+					
长锥形锥囊藻	*Dinobryon bavaricum*	+								+														

续表

种类	万泉河								陵水河			春江		珠碧江		望楼河		宁远河		三亚河		太阳河	
	牛路岭库尾	牛路岭坝下	定安河汇口下	嘉积坝下	咬饭河	定安河	加浪河	塔洋河	什玲	汇口下	保亭河	春江上游	春江下游	珠碧江上游	珠碧江下游	望楼河上游	望楼河下游	宁远河上游	宁远河下游	三亚河上游	三亚河下游	太阳河上游	太阳河下游
蓝藻门	3	2	2	7	5	3	5	6	3	3	3	1	3	7	7	2	2	4	0	2	2	5	4
铜绿微囊藻 *Microcystis aeruginosa*		+																					
微囊藻 *Microcystis* sp.				+											+								
具缘微囊藻 *Microcystis marginata*								+						+							+		
平裂藻 *Merismopedia* sp.				+	+			+		+	+			+	+								
色球藻 *Chroococcus* sp.			+			+	+	+			+			+	+							+	
假鱼腥藻 *Pseudanabaena* sp.														+									
鱼腥藻 *Anabaena* sp.				+		+	+								+		+					+	
席藻 *Phormidium* sp.																							
小席藻 *Phormidium tenue*	+	+	+	+	+	+	+	+	+	+	+	+		+	+	+	+	+		+	+	+	+
小颤藻 *Oscillatoria tenuis*	+			+	+		+	+	+	+					+	+		+				+	+
巨颤藻 *Oscillatoria princeps*													+					+					
颗粒颤藻 *Oscillatoria granulata*				+	+		+	+					+					+					
细小隐球藻 *Aphanocapsa elachista*														+									+
浮丝藻 *Planktothrix* sp.				+	+				+				+		+								+
鞘丝藻 *Lyngbya* sp.	+																			+		+	

种类	万泉河									陵水河			春江		珠碧江		望楼河		宁远河		三亚河		太阳河	
	牛路岭库尾	牛路岭坝下	定安河汇口下	嘉积坝下	咬饭河	定安河	加浪河	塔洋河	什玲	汇口下	陵水河	保亭河	春江上游	春江下游	珠碧江上游	珠碧江下游	望楼河上游	望楼河下游	宁远河上游	宁远河下游	三亚河上游	三亚河下游	太阳河上游	太阳河下游
绿藻门	0	4	7	14	3	4	6	13	5	8	7	13	13	13	11	6	3	10	8	2	5	4	11	12
衣藻 *Chlamydomonas* sp.			+	+				+		+	+	+		+	+	+			+			+	+	
四鞭藻 *Carteria* sp.			+								+	+												
裸膜藻 *Pteromonas* sp.												+												
空球藻 *Eudorina elegans*									+		+								+				+	+
实球藻 *Pandorina morum*				+			+			+	+		+											
小球藻 *Chlorella vulgaris*		+		+			+	+	+	+	+	+	+	+	+				+			+	+	+
四刺顶棘藻 *Chodatella quadriseta*																								+
纤维藻 *Ankistrodesmus* sp.			+	+				+		+	+	+		+	+				+		+			+
镰形纤维藻 *Ankistrodesmus falcatus*										+														
粗刺四刺藻 *Treubaria crassispina*				+																				
胶网藻 *Dictyosphaerium* sp.													+											
美丽胶网藻 *Dictyosphaerium pulchellum*																	+							
卵囊藻 *Oocystis* sp.			+	+			+			+	+	+		+	+			+		+	+			+
浮球藻 *Planktosphaeria gelotinosa*						+							+	+		+								
月牙藻 *Selenastrum bibraianum*			+					+														+	+	+

续表

种类		万泉河									陵水河		春江		珠碧江		望楼河		宁远河		三亚河		太阳河	
		牛路岭库尾	牛路岭坝下	定安河汇口下	嘉积坝下	咬饭河	定安河	加浪河	塔洋河	什玲	汇口下	保亭河	春江上游	春江下游	珠碧江上游	珠碧江下游	望楼河上游	望楼河下游	宁远河上游	宁远河下游	三亚河上游	三亚河下游	太阳河上游	太阳河下游
微小四角藻	*Tetraëdron minimum*				+							+												+
具尾四角藻	*Tetraëdron caudatum*																						+	
十字藻	*Crucigenia apiculata*							+				+			+				+		+			+
畸形藻	*Kirchneriella lunaris*		+		+			+				+												
并联藻	*Quadrigula chodatii*			+											+									
空星藻	*Coelastrum sp.*																	+						
集星藻	*Actinastrum hantzschii*												+	+										
单角盘星藻	*Pediastrum simplex*									+			+	+										
单角盘星藻具孔变种	*Pediastrum simplex var.duodenarium*								+				+	+	+		+		+					
二角盘星藻	*Pediastrum duplex*								+					+										
四角盘星藻	*Pediastrum tetras*												+											
短棘盘星藻	*Pediastrum boryanurn*																						+	
整齐盘星藻	*Pediastrum integrum*											+												
栅藻	*Scenedesmus sp.*	+	+	+	+	+	+	+	+	+	+	+	+	+	+	+	+	+	+	+	+	+	+	+
四尾栅藻	*Scenedesmus quadricauda*				+	+									+	+	+		+			+	+	
二形栅藻	*Scenedesmus dimorphus*			+					+			+	+											+

种类	万泉河								陵水河			春江		珠碧江	望楼河		宁远河		三亚河		太阳河	
	牛路岭库尾	牛路岭坝下	定安河汇口下	嘉积坝下	咬饭河	定安河	加浪河	塔洋河	什玲	汇口下	保亭河	春江上游	春江下游	珠碧江上游	望楼河上游	望楼河下游	宁远河上游	宁远河下游	三亚河上游	三亚河下游	太阳河上游	太阳河下游
转板藻 *Mougeotia* sp.																						+
水绵 *Spirogyra* sp.					+																	
新月藻 *Closterium* sp.									+		+					+					+	
扁鼓藻 *Cosmarium depressum*				+																		
美丽鼓藻 *Cosmarium formosulum*						+															+	
角星鼓藻 *Staurastrum* sp.		+				+		+			+					+				+		
具齿角星鼓藻 *Staurastrum indentatum*			+										+	+								
曼弗角星鼓藻 *Staurastrum manfeldtii*			+																			
马哈微星鼓藻 *Micrasterias mahabuleshwarensis*													+			+						
顶接鼓藻 *Spondylosium* sp.														+					+			
甲藻门	0	0	0	0	0	0	2	2	0	2	0	0	4	0	0	0	2	0	0	0	1	2
飞燕角甲藻 *Ceratium hirundinella*													+									
薄甲藻 *Glenodinium* sp.													+								+	
裸甲藻 *Gymnodinium* sp.							+	+		+			+				+					+
拟多甲藻 *Peridiniopsis* sp.							+	+		+			+				+					+
金藻门	1	0	1	1	0	0	0	0	1	0	0	0	0	0	0	0	0	0	0	0	0	0
分歧锥囊藻 *Dinobryon divergens*	+		+	+					+													

续表

种类	牛路岭库尾	牛路岭坝下	定安河汇口下	嘉积坝下	咬饭河	定安河	加浪河	塔洋河	什玲	汇口下	陵水河	保亭河	春江上游	春江下游	珠碧江上游	珠碧江下游	望楼河上游	望楼河下游	宁远河上游	宁远河下游	三亚河上游	三亚河下游	太阳河上游	太阳河下游
圆筒锥囊藻 *Dinobryon cylindricum*	+		+	+																				
隐藻门	1	1	1	2	1	1	2	2	1	1	2	2	1	2	1	1	1	1	1	1	1	1	2	2
尖尾蓝隐藻 *Chroomonas acuta*	+	+	+	+	+	+	+	+	+	+	+	+	+	+	+	+	+	+	+	+	+	+	+	+
啮蚀隐藻 *Cryptomonas erosa*				+			+	+			+	+		+									+	+
裸藻门	1	0	0	1	0	0	0	1	0	2	2	2	3	1	0	2	2	1	1	1	0	0	0	2
裸藻 *Euglena sp.*	+									+	+	+				+		+	+	+				+
尖尾裸藻 *Euglena oxyuris*								+																
梭形裸藻 *Euglena acus*											+					+								
囊裸藻 *Trachelomonas sp.*				+						+			+				+							
旋转囊裸藻 *Trachelomonas volvocina*													+											
扁裸藻 *Phacus sp.*												+	+				+							+
陀螺藻 *Strombomonas sp.*													+	+										
合计	20	20	30	37	25	29	26	34	30	35	15	35	29	42	37	37	26	23	36	9	14	16	33	36

附表 2.1　浮游动物名录（南开河～石碌坝下）

种类	南渡江												昌化江									
	南开河	松涛库尾	松涛库中	迈湾	九龙滩库中	金江库中	东山	河口	腰子河	大塘河	龙州河	巡崖河	向阳	大广坝库尾	大广库中	戈枕库尾	昌化江下游	通什水下游	乐中水	南巴河	石碌库尾	石碌坝下
	8	18	5	4	10	12	10	5	9	5	11	5	1	4	9	3	2	5	5	2	6	6
原生动物																						
珊瑚囊变形虫 *Saccamoeba gongornia*											+											
半圆表壳虫 *Arcella hemisphaerica*	+	+																				
盘状表壳虫 *Arcella discoides*								+	+													
球砂壳虫 *Difflugia globulosa*	+	+	+			+							+									
橡子砂壳虫 *Difflugia glans*	+				+											+	+			+	+	
叉口砂壳虫 *Difflugia gramen*							+		+		+											+
巧砂壳虫 *Difflugia elegans*		+	+																			+
长圆砂壳虫 *Difflugia oblonga*						+	+														+	
瓶砂壳虫 *Difflugia urceolata*					+			+														
乳头砂壳虫 *Difflugia ma mmillaris*		+			+	+					+				+							
棘瘤砂壳虫 *Difflugia tuberspinifera*			+												+							
琵琶砂壳虫 *Difflugia biwaeKawamura*																					+	
针棘匣壳虫 *Centropyxis aculeata*		+	+						+		+								+		+	
无棘匣壳虫 *Centropyxis ecornis*	+																	+				
压缩匣壳虫 *Centropyxis constricta*		+																				

续表

种类		南渡江													昌化江								
		南开河	松涛库尾	松涛库中	迈湾库中	九龙滩库中	金江库中	东山	河口	腰子河	大塘河	龙州河	巡崖河	向阳	大广坝库尾	大广坝库中	戈枕库尾	昌化江下游	通什水	乐中水	南巴河	石碌库尾	石碌坝下
透明玩状曲颈虫	*Cyphoderia ampulla vitrrara*	+																					
三足虫	*Trinema sp.*																				+		
放射太阳虫	*Actinophrys sol*	+																					
巧剌日虫	*Raphidiophrys elegans*						+																
简裸口虫	*Holophrya simplex*		+			+																	
腔裸口虫	*Holophrya atra*										+												
蓝口虫	*Nassula sp.*																					+	
天鹅长吻虫	*Lacrymaria olor*		+					+															
长吻虫	*Lacrymaria sp.*				+											+							+
喇叭虫	*Stentor sp.*															+							
纺锤斜吻虫	*Enchelydium fusidens*					+																	
小单环栉毛虫	*Didinium balbianii namum*		+				+	+	+														
单环栉毛虫	*Didinium balbianii*						+	+	+				+							+			+
吻单环栉毛虫	*Didinium balbianii rostratum*		+									+											
双环栉毛虫	*Didinium nasutum*												+										
睥脱虫	*Askenasia sp.*		+																				
睫杵虫	*Ophryolena sp.*									+													
草履虫	*Paramecium sp.*									+													

续表

种类		南渡江													昌化江								
		南开河	松涛库尾	松涛库中	迈湾	九龙滩库中	金江库中	东山	河口	腰子河	大塘河	龙州河	巡崖河	向阳	大广坝库尾	大广坝库中	戈枕库尾	昌化江下游	通什水	乐中水	南巴河	石碌库尾	石碌坝下
尾草履虫	*Paramecium caudatum*																					+	
钟虫	*Vorticella sp.*		+					+								+		+				+	
浮游累枝虫	*Epistylis rotans*			+	+		+	+		+		+	+			+				+			
盖虫	*Opercularia sp.*											+			+								
鞘纤虫	*Cothurnia sp.*					+																	
旋回侠盗虫	*Strobilidium gyrans*		+	+		+		+	+		+	+	+		+	+	+		+				+
弹跳虫	*Halteria sp.*	+					+																
小筒壳虫	*Tintinnidium pusillum*	+	+	+	+	+	+	+	+	+	+	+	+		+	+							
淡水筒壳虫	*Tintinnidium fluviatile*	+	+	+	+			+		+		+	+										
王氏似铃壳虫	*Tintinnopsis wangi*		+	+		+										+							
东方似铃壳虫	*Tintinnopsis lacutris*							+				+											
似铃壳虫	*Tintinnopsis sp.*		+												+	+	+	+	+	+		+	+
纤毛虫	*Ciliophora sp.*	6	27	8	9	16	12	13	14	11	8	7	21	3	9	18	12	2	6	14	0	2	7
轮虫												+	+		+	+	+	+	+	+			+
长足轮虫	*Rotaria neptunia*		+						+														
旋轮虫	*Philodina sp.*		+							+										+			
钝角裂甲轮虫	*Colurella obtusa*																	+					
月形腔轮虫	*Lecane luna*										+											+	+

续表

种类		南渡江													昌化江								
		南开河	松涛库尾	松涛库中	迈湾库中	九龙滩库中	金江库中	东山	河口	腰子河	大塘河	龙州河	巡崖河	向阳	大广坝库尾	大广坝库中	戈枕库尾	昌化江下游	通什水	乐中水	南巴河	石碌库尾	石碌坝下
突纹腔轮虫	*Lecane hormemanni*																		+				
尖趾腔轮虫	*Lecane closterocerca*												+										
囊形腔轮虫	*Lecane bulla*		+								+												
爪趾腔轮虫	*Lecane unguitata*		+																				
凹顶腔轮虫	*Lecane papuana*		+																				
蹄形腔轮虫	*Lecane ungulata*								+		+												
囊形单趾轮虫	*Monostyla bulla*																			+			
尖角单趾轮虫	*Monostyla hamata*																			+			
史氏单趾轮虫	*Monostyla stenroosi*																						+
四齿单趾轮虫	*Monostyla quadridentata*																						
晶囊轮虫	*Asplanchna* sp.		+		+	+		+		+			+										
前节晶囊轮虫	*Asplanchna priodonta*								+	+		+	+		+	+	+		+	+		+	+
萼花臂尾轮虫	*Brachionus califlorus*		+						+				+		+	+			+	+			+
裂足臂尾轮虫	*Brachionus diversicornis* Daday		+							+										+			
角突臂尾轮虫	*Brachionus angularis*		+			+	+	+	+	+	+	+	+			+	+			+		+	
剪形臂尾轮虫	*Brachionus forficula*			+		+	+		+	+	+	+											
蒲达臂尾轮虫	*Brachionus budapestiensis*		+					+	+	+			+										
方形臂尾轮虫	*Brachionus capsuliflorus*								+				+										

续表

种类	南渡江													昌化江								
	南开河	松涛库尾	松涛库中	迈湾	九龙滩库中	金江库中	东山	河口	腰子河	大塘河	龙州河	巡崖河	向阳	大广坝库尾	大广坝库中	戈枕库尾	昌化江下游	通什水	乐中水	南巴河	石碌库尾	石碌坝下
壶状臂尾轮虫 *Brachionus urceus*		+										+										+
镰状臂尾轮虫 *Brachionus falcatus*		+		+							+			+	+	+		+	+			
螺形龟甲轮虫 *Keratella cochlearis*	+	+	+	+	+	+	+	+				+		+	+	+		+				
曲腿龟甲轮虫 *Keratella valga*	+	+		+	+	+	+		+					+	+				+			
矩形龟甲轮虫 *Keratella quadrata*															+							
尖削叶轮虫 *Notholca acuminata*	+																					
裂痕龟纹轮虫 *Anuraeopsis fissa*		+	+		+	+	+	+				+		+	+	+			+			
十指平甲轮虫 *Platyias militaris*		+		+								+										
四角平甲轮虫 *Platyias quadricornis*													+									
平甲轮虫 *Platyias* sp.			+		+																	
方块鬼轮虫 *Trichotria tetractis*		+								+												
大肚须足轮虫 *Euchlanis dilatata*		+															+					
水轮虫 *Epiphanes* sp.											+	+										
前翼轮虫 *Proales* sp.					+							+										
小巨头轮虫 *Cephalodella exigna*		+	+											+	+							
凸背巨头轮虫 *Cephalodella gibba*		+												+								
等棘异尾轮虫 *Trichocerca similis*		+	+		+		+					+		+	+	+			+			
圆筒异尾轮虫 *Trichocerca cylindrica*			+		+							+			+							

续表

种类	南渡江													昌化江								
	南开河	松涛库尾	松涛库中	迈湾	九龙滩库中	金江库中	东山	河口	腰子河	大塘河	龙州河	巡崖河	向阳	大广坝库尾	大广坝库中	戈枕库尾	昌化江下游	通什水	乐中水	南巴河	石碌库尾	石碌坝下
暗小异尾轮虫 *Trichocerca pusilla*		+	+	+	+	+	+	+	+	+	+	+	+	+	+			+				+
田奈异尾轮虫 *Trichocerca dixon-nuttalli*			+		+																	
刺盖异尾轮虫 *Trichocerca capucina*															+	+						
疣毛轮虫 *Synchaeta* sp.	+	+		+	+		+	+	+	+						+						
梳状疣毛轮虫 *Synchaeta pectinata*						+																
广生多肢轮虫 *Polyarthra vulgaris*	+	+		+	+	+	+	+	+	+	+	+	+	+	+	+		+				+
卵形彩胃轮虫 *Chromogaster ovalis*						+								+	+	+						
沟痕泡泡轮虫 *Pompholyx sulcata*							+	+														
盘镜轮虫 *Testudinella patina*		+					+															
巨胸轮虫 *Pedalla* sp.	+				+				+													
奇异巨胸轮虫 *Pedalla mira*														+	+	+			+			
长三肢轮虫 *Filinia longiseta*														+		+			+			
小三肢轮虫 *Filinia minuta*											+											
顶生三肢轮虫 *Filinia terminalis*		+				+		+								+						
胶鞘轮虫 *Collotheca* sp.		+	+			+									+							
独角聚花轮虫 *Conochilus unicornis*	+																					
枝角类	5	2	8	4	3	5	5	1	2	4	0	6	3	2	2	3	0	2	4	0	1	2
长肢秀体溞 *Diaphanosoma leuchtenbergianum*	+	+	+	+	+	+	+	+		+		+	+	+	+	+		+	+		+	+

续表

种类	南渡江													昌化江								
	南开河	松涛库尾	松涛库中	迈湾	九龙滩库中	金江库中	东山	河口	腰子河	大塘河	龙州河	巡崖河	向阳	大广坝库尾	大广坝库中	戈枕库尾	昌化江下游	通什水	乐中水	南巴河	石碌库尾	石碌坝下
兴凯秀体溞 *Diaphanosoma chankensis*	+	+	+		+	+	+	+		+		+							+			
僧帽溞 *Daphnia cucullata*		+	+																			
简弧象鼻溞 *Bosmina coregoni*	+	+	+			+				+		+										
长额象鼻溞 *Bosmina longirostris*	+	+	+			+	+			+		+	+		+	+	+	+	+			+
脆弱象鼻溞 *Bosmina fatalis*		+	+		+		+					+										
颈沟基合溞 *Bosminopsis deitersi*														+					+			
短型裸腹溞 *Moina brachiata*			+										+			+						
点滴尖额溞 *Alona guttata*														+	+	+					+	+
吻状异尖额溞 *Disparalona rostrata*																						
老年低额溞 *Simocephalus vetulus*	+		+	+		+	+		+			+										
东方宽额溞 *Euryalona orientalis*				+					+													
桡足类	7	6	8	2	10	7	3	7	8	8	4	6	3	2	3	2	2	2	5	0	2	5
汤匙华哲水蚤 *Sinocalanus dorrii*	+						+	+		+												
舌状叶镖水蚤 *Phyllodiaptomus tunguidus*	+	+	+		+	+				+												
薄片明镖水蚤 *Heliodiaptomus lamellatus*	+																				+	
右突新镖水蚤 *Neodiaptomus schmackeri*																+						
指状许水蚤 *Schmackeria inopinus*	+		+		+			+														

续表

种类		昌化江									南渡江												
		石碌坝下	石碌库尾	南巴河	乐中水	通什水	昌化江下游	戈枕库尾	大广坝库中	大广坝库尾	向阳	巡崖河	龙州河	大塘河	腰子河	河口	东山	金江库中	九龙滩库中	迈湾	松涛库中	松涛库尾	南开河
球状许水蚤	*Schmackeria forbesi*																	+	+				
大尾真剑水蚤	*Eucyclops macruroides*												+	+	+	+		+	+		+	+	
近亲拟剑水蚤	*Paracyclops affinis*	+					+																
英勇剑水蚤	*Cyclops strenuus*				+							+	+	+	+	+							
近邻剑水蚤	*Cyclops vicinus*												+		+			+	+		+	+	+
拉达克剑水蚤	*Cyclops ladakanus*	+										+	+	+						+			
矮小剌剑水蚤	*Acanthocyclops vernalis*	+									+												
微红小剑水蚤	*Microcyclops rubellus*	+										+			+			+					
爪哇小剑水蚤	*Microcyclops javanus*													+	+				+				
三剌沙居剑水蚤	*Psammophilocyclops trispinosus*								+	+													
广布中剑水蚤	*Mesocyclops leuckarti*								+										+		+		
北碚中剑水蚤	*Mesocyclops pehpeiensis*													+	+	+		+	+		+	+	
小型后剑水蚤	*Metacyclops minutus*													+	+	+	+		+			+	+
台湾温剑水蚤	*Thermocyclops taihokuensis*											+											
无节幼体	*Nauplius*	+	+	+	+	+	+	+	+	+	+	+	+	+	+	+	+	+	+		+	+	+
合计		20	11	2	2	1	6	20	32	17	1	38	22	25	30	27	3	36	39	1	29	53	2

附表 2.2　浮游动物名录（牛路岭库尾～太阳河）

种类	万泉河 牛路岭库尾	万泉河 牛路岭坝下	万泉河 定安河汇口下	万泉河 嘉积坝下	万泉河 咬饭河	万泉河 定安河	万泉河 加浪河	万泉河 塔洋河	陵水河 什玲	陵水河 汇口下	陵水河 陵水河	陵水河 保亭河	宁远河 宁远河上游	宁远河 宁远河下游	望楼河 望楼河上游	望楼河 望楼河下游	春江 春江上游	春江 春江下游	珠碧江 珠碧江上游	珠碧江 珠碧江下游	三亚河 三亚河上游	三亚河 三亚河下游	太阳河 太阳河上游	太阳河 太阳河下游
	4	2	1	5	2	2	4	4	2	3	7	6	4	0	1	4	3	5	3	5	3	1	4	5
原生动物																								
半圆表壳虫 *Arcella hemisphaerica*												+									+			
盘状表壳虫 *Arcella discoides*																								
大口表壳虫 *Arcella megastoma*						+						+				+								
梨葫芦虫 *Cucurbitella mespiliformis*																			+					
球砂壳虫 *Difflugia globulosa*			+	+				+			+	+	+		+		+	+			+	+		+
叉口砂壳虫 *Difflugia gramen*													+											
长圆砂壳虫 *Difflugia oblonga*								+																
乳头砂壳虫 *Difflugia ma mmillaris*													+											
棘瘤砂壳虫 *Difflugia tuberspinifera*											+													
琵琶砂壳虫 *Difflugia biwaeKawamura*		+																						
冠砂壳虫 *Difflugia corona*											+					+								
针棘匣壳虫 *Centropyxis aculeata*	+	+				+	+		+	+		+					+						+	
宽口圆壳虫 *Cyclopyxis eurostoma*	+																							
管叶虫 *Trachelophyllum sp.*												+												
长吻虫 *Lacrymaria sp.*							+				+							+						+

续表

种类	万泉河									陵水河			宁远河		望楼河		春江		珠碧江		三亚河		大阳河	
	牛路岭库尾	牛路岭坝下	定安河汇口下	嘉积坝下	咬饭河	定安河	加浪河	塔洋河	什玲	汇口下	陵水	保亭河	宁远河上游	宁远河下游	望楼河上游	望楼河下游	春江上游	春江下游	珠碧江上游	珠碧江下游	三亚河上游	三亚河下游	大阳河上游	大阳河下游
斜管虫 *Chilodonella* sp.												+											+	
小单环栉毛虫 *Didinium balbianii nanum*				+			+			+	+									+				
钟虫 *Vorticella* sp.						+			+															+
浮游累枝虫 *Epistylis rotans*	+			+				+																
旋回侠盗虫 *Strobilidium gyrans*				+			+						+			+		+	+	+				
淡水筒壳虫 *Tintinnidium fluviatile*											+				+									
王氏似铃壳虫 *Tintinnopsis wangi*				+	+		+	+		+						+	+	+	+	+				
纤毛虫 *Ciliophora* sp.	0	0	0	5	1	0	10	2	0	3	9	9	5	3	1	20	3	8	3	2	0	2	5	4
轮虫																								
旋轮虫 *Philodina* sp.											+	+	+	+	+	+								
月形腔轮虫 *Lecane luna*										+						+								
真胫腔轮虫 *Lecane eutarsa*				+							+					+								
爪趾腔轮虫 *Lecane unguitata*							+										+							
囊形单趾轮虫 *Monostyla bulla*												+				+								
月形单趾轮虫 *Monostyla lunaris*																+								
四齿单趾轮虫 *Monostyla quadridentata*																						+		
前节晶囊轮虫 *Asplanchna priodonta*							+						+			+							+	

续表

种类	万泉河									陵水河			宁远河		望楼河		春江		珠碧江		三亚河		太阳河	
	牛路岭库尾	牛路岭坝下	定安河汇口下	嘉积坝下	咬饭河	定安河	加浪河	塔洋河	什玲	汇口下	陵水	保亭河	宁远河上游	宁远河下游	望楼河上游	望楼河下游	春江上游	春江下游	珠碧江上游	珠碧江下游	三亚河上游	三亚河下游	太阳河上游	太阳河下游
萼花臂尾轮虫 *Brachionus calyciflorus*											+	+												
裂足臂尾轮虫 *Brachionus diversicornis*							+									+								
角突臂尾轮虫 *Brachionus angularis*							+				+			+		+	+	+		+			+	+
壶状臂尾轮虫 *Brachionus urceus*				+							+	+												
镰状臂尾轮虫 *Brachionus falcatus*							+									+								
尾突臂尾轮虫 *Brachionus caudatus*													+	+		+		+						
螺形龟甲轮虫 *Keratella cochlearis*																								
曲腿龟甲轮虫 *Keratella valga*				+																				
裂痕龟纹轮虫 *Anuraeopsis fissa*																+	+	+	+				+	+
十指平甲轮虫 *Platyias militaris*							+	+				+												
四角平甲轮虫 *Platyias quadricornis*											+	+												
大肚须足轮虫 *Euchlanis dilatata*										+														
凸背巨头轮虫 *Cephalodella gibba*										+		+				+							+	
圆筒异尾轮虫 *Trichocerca cylindrica*					+		+	+			+		+											
暗小异尾轮虫 *Trichocerca pusilla*																	+	+	+	+				+
刺盖异尾轮虫 *Trichocerca capucina*															+									
疣毛轮虫 *Synchaeta sp.*																		+						

续表

种类	万泉河									陵水河			宁远河		望楼河		春江		珠碧江		三亚河		太阳河	
	牛路岭库尾	牛路岭坝下	定安河汇口下	嘉积坝下	咬饭河	定安河	加浪河	塔洋河	什玲	汇口下	陵水	保亭河	宁远河上游	宁远河下游	望楼河上游	望楼河下游	春江上游	春江下游	珠碧江上游	珠碧江下游	三亚河上游	三亚河下游	太阳河上游	太阳河下游
广生多肢轮虫 *Polyarthra vulgaris*				+								+					+	+				+	+	+
盘镜轮虫 *Testudinella patina*												+												
奇异巨腕轮虫 *Pedalla mira*							+						+											
长三肢轮虫 *Filinia longiseta*							+									+		+	+					
枝角类	0	1	1	4	4	0	1	2	0	0	3	3	1	1	0	2	0	1	2	3	0	2	2	0
长肢秀体溞 *Diaphanosoma leuchtenbergianum*				+	+		+	+			+	+		+		+		+		+		+		
兴凯秀体溞 *Diaphanosoma chankensis*				+																				
美丽网纹溞 *Ceriodaphnia pulchella*				+																				
简弧象鼻溞 *Bosmina coregoni*																			+					
长额象鼻溞 *Bosmina longirostris*		+	+		+														+					
颈沟基合溞 *Bosminopsis deitersi*					+																			
镰吻弯额溞 *Rhynchotalona falcata*												+	+							+		+		
点滴尖额溞 *Alona guttata*				+				+			+	+				+							+	
吻状异尖额溞 *Disparalona rostrata*																							+	
圆形盘肠溞 *Chydorus sphaericus*											+									+				
薄片宽尾溞 *Eurycercus lamellatus*					+																			

续表

种类	万泉河								陵水河			保亭河	宁远河		望楼河		春江		珠碧江		三亚河		太阳河	
	牛路岭库尾	牛路岭坝下	定安河汇口下	嘉积坝下	咬饭河	定安河	加浪河	塔洋河	什玲	汇口下	陵水	保亭河	宁远河上游	宁远河下游	望楼河上游	望楼河下游	春江上游	春江下游	珠碧江上游	珠碧江下游	三亚河上游	三亚河下游	太阳河上游	太阳河下游
	2	2	0	2	2	0	3	2	0	1	2	3	5	1	0	4	5	3	4	2	3	1	2	2
桡足类																								
汤匙华哲水蚤 *Sinocalamus dorrii*		+																						
右突新镖水蚤 *Neodiaptomus schmackeri*		+											+				+							
大尾真剑水蚤 *Eucyclops macruroides*													+						+					
穴居真剑水蚤 *Eucyclops serrulatus*				+													+				+			
近亲拟剑水蚤 *Paracyclops affinis*				+			+									+								
英勇剑水蚤 *Cyclops strenuus*							+	+								+			+				+	
拉达克剑水蚤 *Cyclops ladakamus*												+						+						
长节小剑水蚤 *Microcyclops longiarticulatus*																	+				+			+
微红小剑水蚤 *Microcyclops rubellus*	+															+								
广布中剑水蚤 *Mesocyclops leuckarti*	+	+		+						+	+	+	+	+		+	+	+	+	+	+	+	+	+
无节幼体 *Nauplius*	+	+		+			+	+		+	+	+	+	+		+	+	+	+	+	+	+	+	+
合计	6	5	2	16	9	2	18	10	2	7	21	21	15	5	2	30	11	17	12	12	6	6	13	11

附表 3.1　底栖动物名录（南开河～石碌坝下）

种类		南渡江												昌化江								
		南开河	松涛库尾	松涛库中	迈湾	九龙滩库中	金江库中	东山河口	腰子河	大塘河	龙州河	巡崖河	向阳	大广坝库尾	大广库中	戈枕库尾	昌化江下游	通什水	乐中水	南巴河	石碌库尾	石碌坝下
节肢动物		0	1	2	1	4	2	1	3	2	1	3	1	3	2	3	3	1	3	3	4	3
四节蜉科	Baetidae sp.1		+																	+	+	+
扁蜉科	Heptageniidae sp.																				+	
短丝蜉科	Siphlonuridae sp.									+		+										
似宽基蜉属	Choroterpidess sp.								+	+		+										
纹石蛾科	Hydropsychidae sp.															+						
石蝇科	Perlidae sp.																	+				
划蝽科	Corixidae sp.														+							
蚊科	Culicidae sp.																					
水蝇科	Ephydridae sp.																+					
直突摇蚊属	Orthocladius sp.													+						+		
隐摇蚊属	Cryptochironomus sp.					+																
多足摇蚊属	Polypedilum sp.															+			+			
二叉摇蚊属	Dicrotendipes sp.													+			+					
流水长附摇蚊属	Rheotanytarsus sp.													+								
萨摇蚊属	Saetheria sp.																			+		

续表

种类		南渡江												昌化江								
		南开河	松涛库尾	松涛库中	迈湾	九龙滩库中	金江库中	东山	河口	腰子河	大塘河	龙州河	巡崖河	向阳	大广坝库尾	大广库中	戈枕库尾	昌化江下游	通什水	乐中水	南巴河	石碌库尾	石碌坝下
前突摇蚊属	*Procladius* sp.			+		+																	
麦匙摇蚊属	*Clinotanypus* sp.									+													
笑摇蚊属	*Thienemanimyia* sp.													+			+					+	
水蝇属	*Elophila* sp.			+																			
溪蟹科	Potamidae sp.		+			+	+													+			
沼虾属	*Macrobrachium* sp.		+		+	+	+	+	+											+			+
米虾属	*Caridina* sp.					+	+	+				+	+										
软体动物		1	0	0	0	0	1	1	5	1	1	2	2	3	1	0	1	0	2	2	1	0	0
铜锈环棱螺	*Bellamya aeruginosa*					+	+	+		+	+	+	+										
梨形环棱螺	*Bellamya purificata*												+										
纵带滩栖螺	*Batillaria zonalis*											+											
齿舌拟蜒螺	*Neritopsis radula*								+														
渔舟蜒螺	*Nerita albicilla*								+														
多棱角螺	*Angulyagra polyzonata*													+						+			
短沟蜷属	*Semisulcospira* sp.1													+			+		+				
肋蜷科	Pleuroceridae sp.1											+											
肋蜷科	Pleuroceridae sp.2								+														
肋蜷科	Pleuroceridae sp.3								+														

续表

种类		南渡江													昌化江								
		南开河	松涛库尾	松涛库中	迈湾	九龙滩库中	金江库中	东山	河口	腰子河	大塘河	龙州河	巡崖河	向阳	大广坝库尾	大广坝库中	戈枚库尾	昌化江下游	通什水	乐中水	南巴河	石碌库尾	石碌坝下
球河螺	*Rivularia globosa*	+																					
光滑狭口螺	*Stenothyra glabra*													+									
斜肋齿蜷	*Sermyla riqueti*								+														
河蚬	*Corbicula fluminea*													+					+		+		
淡水壳菜	*Limnoperma fortunei*							+							+								
环节动物		0	0	0	0	0	0	0	0	0	0	0	0	1	2	4	1	0	0	0	0	0	0
霍甫水丝蚓	*Limnodrilus hoffmeisteri*													+	+	+							
克拉泊水丝蚓	*Limnodrilus claparedeianus*																+						
苏氏尾鳃蚓	*Branchiura sowerbyi*															+							
森珀头鳃虫	*Branchiodrilus semperi*														+	+							
多毛管水蚓	*Aulodrilus pluriseta*															+							
合计		1	1	2	1	4	3	2	6	4	3	3	5	5	6	6	5	3	3	5	4	4	3

附表 3.2　底栖动物名录（牛路岭库尾～大阳河）

种类		万泉河								陵水河				春江		珠碧江		望楼河		宁远河		三亚河		大阳河	
		牛路岭库尾	牛路岭坝下	定安河汇口下	嘉积坝下	咬饭河	定安河	加浪河	塔洋河	什玲	汇口下	陵水河	保亭河	春江上游	春江下游	珠碧江上游	珠碧江下游	望楼河上游	望楼河下游	宁远河上游	宁远河下游	三亚河上游	三亚河下游	大阳河上游	大阳河下游
		2	8	4	4	4	1	0	6	9	2	1	4	4	5	4	1	14	1	4	0	3	2	0	4
节肢动物																									
四节蜉科	Baetidae sp.1		+															+		+					
四节蜉科	Baetidae sp.2					+																			
扁蜉科	Heptageniidae sp.		+			+												+							
蜉蝣科	Ephemeridae sp.		+																						
小蜉科	Ephemerellidae sp.		+																						
细蜉科	Caenidae sp.		+																						
似宽基蜉属	Choroterpidess sp.									+								+							
宽基蜉属	Choroterpes sp.																	+							
长角泥虫科	Elmidae sp.									+								+							
纹石蛾科	Hydropsychidae sp.				+									+	+	+		+		+					
原石蛾科	Rhyacophilidae sp.			+						+															
多距石蛾科	Polycentropodidae sp.														+										
石蝇科	Perlidae sp.									+															
春蜓科	Gomphidae sp.1									+						+									
春蜓科	Gomphidae sp.2											+													

续表

种类	万泉河								陵水河			保亭河	春江		珠碧江		望楼河		宁远河		三亚河		太阳河	
	牛路岭库尾	牛路岭坝下	定安河汇口下	嘉积坝下	咬饭河	定安河	加浪河	塔洋河	什玲	汇口下	陵水河下	保亭河	春江上游	春江下游	珠碧江上游	珠碧江下游	望楼河上游	望楼河下游	宁远河上游	宁远河下游	三亚河上游	三亚河下游	太阳河上游	太阳河下游
蜻科 Libellulidae sp.									+															+
丝蟌科 Lestidae sp.								+																
腹鳃蟌科 Euphaeidae sp.				+													+							
划蝽科 Corixidae sp.					+			+										+						
盖蝽科 Aphelocheiridae sp.									+								+							
虻科 Tabanidae sp.																	+							
伪鹬虻科 Athericidae sp.																		+						
蠓科 Ceratopogouidae sp.						+			+			+												
花翅大蚊属 Hexatoma sp.									+															
直突摇蚊属 Orthocladius sp.			+														+				+	+		+
摇蚊属 Chironomus sp.				+				+				+		+										
隐摇蚊属 Cryptochironomus sp.				+	+									+										
多足摇蚊属 Polypedilum sp.		+		+								+	+	+		+		+			+			+
小摇蚊属 Microchironomus sp.													+								+			
二叉摇蚊属 Dicrotendipes sp.																			+					
长跗摇蚊属 Tanytarsus sp.														+										
流水长跗摇蚊属 Rheotanytarsus sp.	+							+																

续表

	种类	牛路岭库尾	牛路岭坝下	定安河汇口坝下	嘉积坝下	咬饭河	定安河	加浪河	塔洋河	什玲	汇口下	保亭河	春江上游	春江下游	珠碧江上游	珠碧江下游	望楼河上游	望楼河下游	宁远河上游	宁远河下游	三亚河上游	三亚河下游	太阳河上游	太阳河下游
				万泉河							陵水河		春江		珠碧江		望楼河		宁远河		三亚河		太阳河	
前突摇蚊属	*Procladius* sp.										+													
菱跗摇蚊属	*Clinotanypus* sp.											+												+
突摇蚊属	*Thienemanimyia* sp.		+									+							+					
摇蚊蛹	Chironomidae pupa		+																					
斑水蚓属	*Eoophyla* sp.																+							
沼虾属	*Macrobrachium* sp.	+					+		+						+									
米虾属	*Caridina* sp.								+						+							+		
软体动物		0	3	1	0	1	3	3	0	2	0	0	1	0	2	2	0	3	3	3	2	0	2	3
铜锈环棱螺	*Bellamya aeruginosa*																							
梨形环棱螺	*Bellamya purificata*																		+					
多棱角螺	*Angulyagra polyzonata*									+					+								+	
奥莱彩螺	*Clithon ouafaniensis*																			+				
短沟蜷属	*Semisulcospira* sp.1						+	+								+			+		+			+
短沟蜷属	*Semisulcospira* sp.2							+																
球河螺	*Rivularia globosa*																	+						
尖膀胱螺	*Physa acuta*																							
椭圆萝卜螺	*Radix swinhoei*		+																					

· 181 ·

续表

种类	万泉河								陵水河			保亭河	春江		珠碧江		望楼河		宁远河		三亚河		太阳河	
	牛路岭库尾	牛路岭坝下	定安河汇口下	嘉积坝下	咬饭河	定安河	加浪河	塔洋河	什玲	汇口下	陵水河	保亭河	春江上游	春江下游	珠碧江上游	珠碧江下游	望楼河上游	望楼河下游	宁远河上游	宁远河下游	三亚河上游	三亚河下游	太阳河上游	太阳河下游
光滑狭口螺 Stenothyra glabra		+																						
圆背角无齿蚌 Anodonta woodia						+												+						+
河蚬 Corbicula fluminea		+	+			+			+				+			+			+		+		+	+
淡水壳菜 Limnoperna fortunei		+			+																			
环节动物	0	0	0	0	0	0	0	0	1	1	0	1	0	0	0	0	0	0	0	0	0	1	0	2
仙女虫属 Nais sp.									+															+
霍甫水丝蚓 Limnodrilus hoffmeisteri																						+		
苏氏尾鳃蚓 Branchiura sowerbyi										+		+												+
石蛭科 Herpobdellidae sp.																								
扁形动物	0	0	0	0	0	0	0	0	1	0	0	0	0	0	0	0	0	0	0	0	0	0	0	0
涡虫 Planaria sp.									+															
合计	2	11	5	4	5	4	3	6	12	3	1	5	5	5	6	3	14	4	7	3	5	3	2	9

附表4　鱼类名录

序号	种名	分布										生态习性											
		南渡江	昌化江	万泉河	陵水河	龙首河	大阳河	藤桥河	望楼河	珠碧江	北门江	栖息习性			产卵习性				食性				
												流水依赖型	半流水依赖型	非流水依赖型	漂流性卵	黏沉性卵	浮性卵	其他产卵类型	肉食性	草食性	底栖动物食性	虑食性	杂食性
1	赤眼鳟 Squaliobarbus curriculus	+											✓		✓								✓
2	南方波鱼 Rasbora steineri		+	+		+	+	+	+	+	+		✓			✓							✓
3	青鱼 Mylopharyngodon piceus			+	+						+		✓		✓						✓		
4	草鱼 Ctenopharyngodon idellus	+	+	+	+						+		✓		✓					✓			
5	马口鱼 Opsariichthys bidens	+	+	+	+	+	+	+	+		+		✓			✓							✓
6	宽鳍鱲 Zacco platypus	+	+	+									✓			✓							✓
7	拟细鲫 Nicholsicypris normalis	+	+	+							+		✓			✓							✓
8	海南异鱲 Parazacco spilurus fasciatus	+	+	+							+		✓			✓							✓
9	黄尾鲴 Xenocypris davidi	+	+	+										✓		✓							✓
10	银鲴 Xenocypris argentea	+	+	+										✓		✓							✓
11	鳙 Aristichthys nobilis	+	+		+					+	+		✓		✓							✓	
12	鲢 Hypophthalmichthys molitrix	+	+		+						+		✓		✓							✓	
13	大鳞鲢 Hypophthalmichthys harmandi	+	+										✓		✓							✓	
14	高体鳑鲏 Rhodeus ocellatus	+	+	+			+	+						✓				✓					✓
15	刺鳍鳑鲏 Rhodeus spinalis	+	+		+			+						✓				✓					✓
16	彩石鳑鲏 Rhodeus lighti	+												✓				✓					✓

续表

序号	种名	分布										生态习性												
												栖息习性			产卵习性					食性				
		南渡江	昌化江	万泉河	陵水河	龙首河	大阳河	藤桥河	望楼河	珠碧江	北门江	流水依赖型	半流水依赖型	非流水依赖型	漂流性卵	黏性卵	黏沉性卵	浮性卵	其他产卵类型	肉食性	草食性	底栖动物食性	恶食性	杂食性
17	大鳍鱊 Acheilognathus macropterus	+	+	+										√					√					√
18	越南鱊 Acheilognathus tonkinensis	+	+	+										√					√					√
19	蒙古鲌 Culter mongolicus	+												√			√			√				
20	海南鲌 Culter recurviceps	+									+			√			√			√				
21	海南拟鳘 Pseudohemiculter hainanensis	+	+	+										√			√							√
22	南方拟鳘 Pseudohemiculter dispar	+	+		+	+	+	+	+	+	+			√			√							√
23	三角鲂 Megalobrama terminalis	+												√			√				√			
24	海南华鳊 Sinibrama melrosei	+	+		+	+	+	+	+		+			√			√							√
25	锯齿海南鳘 Hainania serrata	+	+	+	+						+			√			√							√
26	细鳊 Rasborinus lineatus	+	+			+			+	+				√			√							√
27	台细鳊 Rasborinus formosae	+	+		+			+	+		+			√			√							√
28	海南似鳊 Toxabramis houdemeri	+					+			+				√			√							√
29	鳘 Hmiculter leucisculus	+		+	+		+							√			√							√
30	鳊 Parabramis pekinensis	+		+										√			√				√			
31	红鳍原鲌 Cultrichthys erythropterus	+	+		+	+	+			+				√			√							√
32	唇鳕 Hemibarbus labeo	+	+		+			+	+	+	+			√			√							√
33	麦穗鱼 Pseudorasbora parva	+	+											√			√							√
34	黑鳍鳈 Sarcocheilichthys nigripinnis	+		+									√				√							√

续表

序号	种名	分布 南渡江	昌化江	万泉河	陵水河	龙首河	大阳河	藤桥河	望楼河	珠碧江	北门江	栖息习性 流水依赖型	半流水依赖型	非流水依赖型	产卵习性 漂流性卵	黏性卵	黏沉性卵	浮性卵	其他产卵类型	食性 肉食性	草食性	底栖动物食性	杂食性
35	点纹银鮈 Squalidus wolterstorffi	+	+	+	+								✓				✓						✓
36	暗斑银鮈 Squalidus atromaculatus	+	+						+				✓				✓						✓
37	小银鮈 Squalidus minor	+	+										✓				✓						✓
38	似鮈 Pseudogobio vaillanti	+		+									✓				✓						✓
39	嘉积小鳔鮈 Microphysogobio kachekensisi	+	+	+					+		+		✓				✓						✓
40	无斑蛇鮈 Saurogobio i mmaculatus	+											✓				✓						✓
41	海南鳕鮀 Gobiobotia (Gobiobotia) kolleri		+										✓				✓						✓
42	光倒刺鲃 Spinibarbus caldwelli	+	+	+	+		+	+	+		+	✓					✓						✓
43	倒刺鲃 Spinibarbus denticulatus denticulatus	+	+	+	+		+	+	+		+	✓					✓						✓
44	疏斑小鲃 Puntius semifasciolatus			+	+			+				✓					✓						✓
45	条纹小鲃 Puntius semifasciolatus	+	+	+	+			+	+		+	✓					✓						✓
46	厚唇光唇鱼 Aocrssocheilus labiatus		+	+	+	+						✓					✓						✓
47	虹彩光唇鱼 Acrossocheilus iridescens iridescens	+	+	+	+						+	✓					✓						✓
48	大鳞光唇鱼 Acrossocheilus ikedai		+									✓					✓						✓
49	细尾白甲鱼 Onychostoma lepturus	+	+		+			+	+			✓					✓						✓
50	南方白甲鱼 Onychostoma gerlachi	+									+	✓					✓						✓
51	盆唇华鲮 Similabeo discognathoides	+	+	+	+						+	✓					✓						✓
52	海南瓣结鱼 Tor (Folifer) hainanensis hainanensis	+	+	+					+			✓					✓						✓

续表

序号	种名	分布										生态习性												
												栖息习性			产卵习性					食性				
		南渡江	昌化江	万泉河	陵水河	龙首河	大阳河	藤桥河	望楼河	珠碧江	北门江	流水依赖型	半流水依赖型	非流水依赖型	漂流性卵	黏性卵	黏沉性卵	浮性卵	其他产卵类型	肉食性	草食性	底栖动物食性	滤食性	杂食性
53	鲮 Cirrhinus moitorella	+		+					+		+		√		√									√
54	纹唇鱼 Osteochilus salsburyi		+	+	+	+		+	+	+	+		√			√								√
55	海南墨头鱼 Garra pingi hainanensis	+	+	+	+	+		+				√					√							√
56	东方墨头鱼 Garra orientalis	+	+	+					+		+	√					√							√
57	尖鳍鲤 Cyprinus (Cyp.) acutidorsalis	+	+			+	+							√			√							√
58	鲤 Cyprinus (Cyp.) carpio	+	+	+	+	+	+	+	+	+	+			√		√								√
59	须鲫 Carassioides cantonensis	+	+				+							√		√								√
60	鲫 Carassius auratus	+	+	+	+	+	+	+	+	+	+			√		√								√
61	中华花鳅 Cobitis sinensis	+	+	+	+	+	+		+	+	+			√			√							√
62	泥鳅 Misgurnus anguillicaudatus	+	+	+		+	+	+	+	+	+			√			√							√
63	美丽小条鳅 Micronemacheilus pulcher	+	+	+	+			+			+		√			√								√
64	横纹南鳅 Schistura fasciolatus	+	+	+							+		√			√								√
65	广西华平鳅 Sinogastromyzon kwangsiensis	+	+									√				√								√
66	伍氏华吸鳅 Sinogastromyzon wui		+								+	√				√								√
67	保亭近腹吸鳅 Plesiomyzon baotingensis				+					+	+	√				√								√
68	琼中拟平鳅 Linigarhomaloptera disparis qiongzhongensis	+	+		+				+	+	+	√				√								√
69	海南原缨口鳅 Vannamenia hainanensis	+	+	+								√				√								√
70	爬岩鳅 Beaufortia leveretti	+								+	+	√				√								√
71	越南鲇 Silurus cochinchinensis	+	+		+						+		√			√								√

续表

| 序号 | 种名 | 分布 ||||||||||| 生态习性 |||||||||||||
| | | 南渡江 | 昌化江 | 万泉河 | 陵水河 | 龙首河 | 大阳河 | 藤桥河 | 望楼河 | 珠碧江 | 北门江 | 栖息习性 ||| 产卵习性 ||||| 食性 ||||
												流水依赖型	半流水依赖型	非流水依赖型	漂流性卵	黏性卵	黏沉性卵	浮性卵	其他产卵类型	肉食性	草食性	底栖动物食性	杂食性
72	鲇 Silurus asotus	+	+	+													√						√
73	胡子鲇 Clarias fuscus	+	+	+	+									√			√						√
74	斑鳠 Mystus guttatus	+											√				√					√	
75	越鳠 Mystus pluriradiatus	+											√				√					√	
76	条纹鮠 Leiocassis virgatus	+		+							+		√				√					√	
77	瓦氏黄颡鱼 Pelteobagrus vachelli	+	+											√								√	
78	中间黄颡鱼 Pelteobagrus intermedius			+						+	+			√			√					√	
79	海南长臀鮠 Cranoglanis bouderius multiradiatus	+											√				√					√	
80	海南纹胸鮡 Glyptothorax fukiensis hainanensis	+		+								√					√					√	
81	青鳉 Oryzias latipes	+	+	+	+		+	+			+			√				√					√
82	弓背青鳉 Oryzias curvinotus	+												√				√					√
83	黄鳝 Monopterus albus	+	+		+			+		+				√									√
84	中国少鳞鳜 Coreoperca whiteheadi	+	+								+		√				√			√			
85	高体鳜 Siniperca robusta	+											√							√			
86	海南黄黝鱼 Hypseleotris hainanensis			+										√			√						√
87	海南细齿塘鳢 Philypnus chalmerisi		+	+					+								√			√			
88	大鳞细齿塘鳢 Philypnus macrolepis			+	+									√			√			√			
89	尖头塘鳢 Eleotris oxycephala	+	+	+	+		+							√			√			√			
90	舌鰕虎鱼 Glossogobius giuris	+	+	+	+						+			√			√						√

续表

序号	种名	南渡江	昌化江	万泉河	陵水河	龙首河	大阳河	藤桥河	望楼河	珠碧江	北门江	流水依赖型	半流水依赖型	非流水依赖型	漂流性卵	黏性卵	黏沉性卵	浮性卵	其他产卵类型	肉食性	草食性	底栖动物食性	虑食性	杂食性
		分布										栖息习性			产卵习性					食性				
91	睛斑阿胡鰕虎鱼 Awaous ocellaris			+	+									√			√							√
92	台湾沟鰕虎鱼 Oxyurichthys formosanus		+	+			+							√			√							√
93	子陵吻鰕虎鱼 Rhinogobii giurinus	+	+	+	+		+	+			+			√			√							√
94	溪吻鰕虎鱼 Rhinogobius duospilus		+											√			√							√
95	项鳞吻鰕虎鱼 Ctenogobius cervicosquamus	+	+					+						√			√							√
96	戴氏吻鰕虎鱼 Rhinogobius davidi			+										√			√							√
97	多鳞枝牙鰕虎鱼 Stiphodon multisquamus				+									√			√							√
98	斑鳢 Channa maculata	+	+	+	+	+	+		+	+	+		√					√		√				
99	南鳢 Channa gachua	+	+	+	+			+	+	+	+		√					√		√				
100	月鳢 Channa asiatica	+	+	+									√					√		√				
101	攀鲈 Anabas testudineus	+	+			+	+	+	+		+			√			√							√
102	叉尾斗鱼 Macropodus opercularis	+	+	+	+		+		+		+			√			√							√
103	大刺鳅 Mastacembelus armatus	+	+	+	+	+	+		+	+	+			√			√							√
	小计	87	72	73	41	15	27	25	28	17	48	20	34	50	8	3	84	4	5	11	3	8	3	79